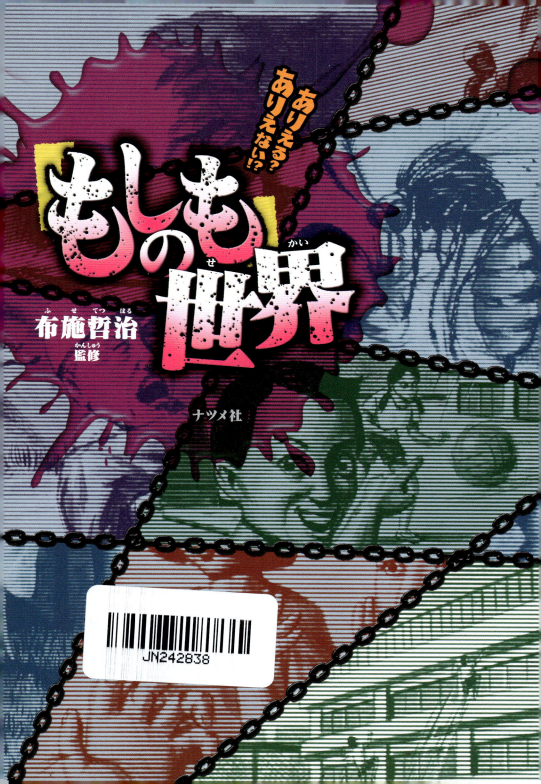

ありえる？
ありえない!?

もしもの世《せ》界《かい》

布《ふ》施《せ》哲《てつ》治《はる》
監修《かんしゅう》

ナツメ社

はじめに

情報通信研究機構《じょうほうつうしんけんきゅうきこう》鹿島宇宙《かしまうちゅう》技術《ぎじゅつ》センター
主任研究員《しゅにんけんきゅういん》
布施《ふせ》哲治《てつはる》

この本《ほん》を手《て》にしたみなさんは、わからないことや不思議《ふしぎ》なことがあると「なぜだろう？」という気持《きも》ちを小《ちい》さいころから持《も》ったはずです。そのときは大人《おとな》の人《ひと》に「なんで？」「どうして？」と質問《しつもん》していたことでしょう。ところが、図鑑《ずかん》をひとりで読《よ》める年令《ねんれい》になった今《いま》のみなさんは、少《すこ》しちがった質問《しつもん》をするかもしれません。そのひとつの例《れい》が『もしも……？』です。

本書《ほんしょ》には、全部《ぜんぶ》で50個以上《こいじょう》の『もしも？』がならんでいます。「もしも、月《つき》がなくなったら？」「もしも、しわや指紋《しもん》がなくなったら？」「もしも、日本中《にほんじゅう》で停電《ていでん》が起《お》きたら？」など、どれもきっと「答《こた》えを知《し》りたい！」

と思《おも》うはずです。なかには、「へぇー、そんなこと考《かんが》えたことがなかったなぁ」という『もしも？』もあるかもしれません。

実《じつ》は、『もしも？』と思《おも》うと、考《かんが》える力《ちから》や理解《りかい》する力《ちから》が深《ふか》まります。たとえば「どうして月《つき》はあるの？」はこれで終《お》わりですが、「もしも、月《つき》が丸《まる》くなかったら？」「もしも、月《つき》に空気《くうき》があったら？」「もしも、月《つき》の上《うえ》でサッカーボールをけったら？」など、不思議《ふしぎ》な気持《きも》ちはどんどん広《ひろ》がっていきますし、理解《りかい》する力《ちから》はこれまで以上《いじょう》に深《ふか》まっていくのです。

この本《ほん》で示《しめ》した『もしも？』の答《こた》えは、ひとつの例《れい》といえます。つまり本当《ほんとう》の答《こた》えは、別《べつ》のこともありえるのです。また、大人《おとな》でも子《こ》どもでも不思議《ふしぎ》なことの答《こた》えを知《し》りたいという気持《きも》ちは持《も》っているものですから、ぜひおうちの人《ひと》や友《とも》だちと一緒《いっしょ》に『もしも？』を考《かんが》えてみてください。「わたしは賛成《さんせい》ね」「ぼくはちがうと思《おも》うな」などと話《はな》し合《あ》ってみるのもおもしろいでしょう。

ありえる？ありえない!? 「もしも」の世界《せかい》 目次《もくじ》

第3章 人間《にんげん》のもしも……

第4章 日常生活《にちじょうせいかつ》のもしも……

この本《ほん》の楽《たの》しみ方《かた》

★各項目《かくこうもく》に もしもメーター がついています。メーターの数《かず》が多《おお》いほど、もしもの確率《かくりつ》が高《たか》くなるかもしれないという予想《よそう》です。

★この本《ほん》は、**もしも**という仮定《かてい》の世界《せかい》を書《か》いています。できるだけわかりやすく説明《せつめい》をしていますが、実《じっ》際《さい》の可能性《かのうせい》はわかりません。「空想科学《くうそうかがく》」としてお楽《たの》しみください。

★この本《ほん》では、単位《たんい》を㎜（ミリメートル）、㎝（センチメートル）、m（メートル）、㎞（キロメートル）、%（パーセント）、℃（度《ど》）、t（トン）であらわしています。

第《だい》1章《しょう》

宇《う》宙《ちゅう》・地《ち》球《きゅう》のもしも……

もしも case 1 宇宙人が地球にやってきたら？

マンガ／ゆた

…このように もしかしたら この広大な宇宙の どこかに 人類と同じような 地球外生命体が いたとしても まったく不思議ではないということです

ドドン

アハハハ
ヘーホントかな〜
自分が宇宙人みたいな顔して何いうとんねん
アハハ
ん〜でもさ〜

宇宙人なんているわけないよね〜
ガァァァ…
ピー！
……
……！
……いや
ピロッ ピロッ バシューン

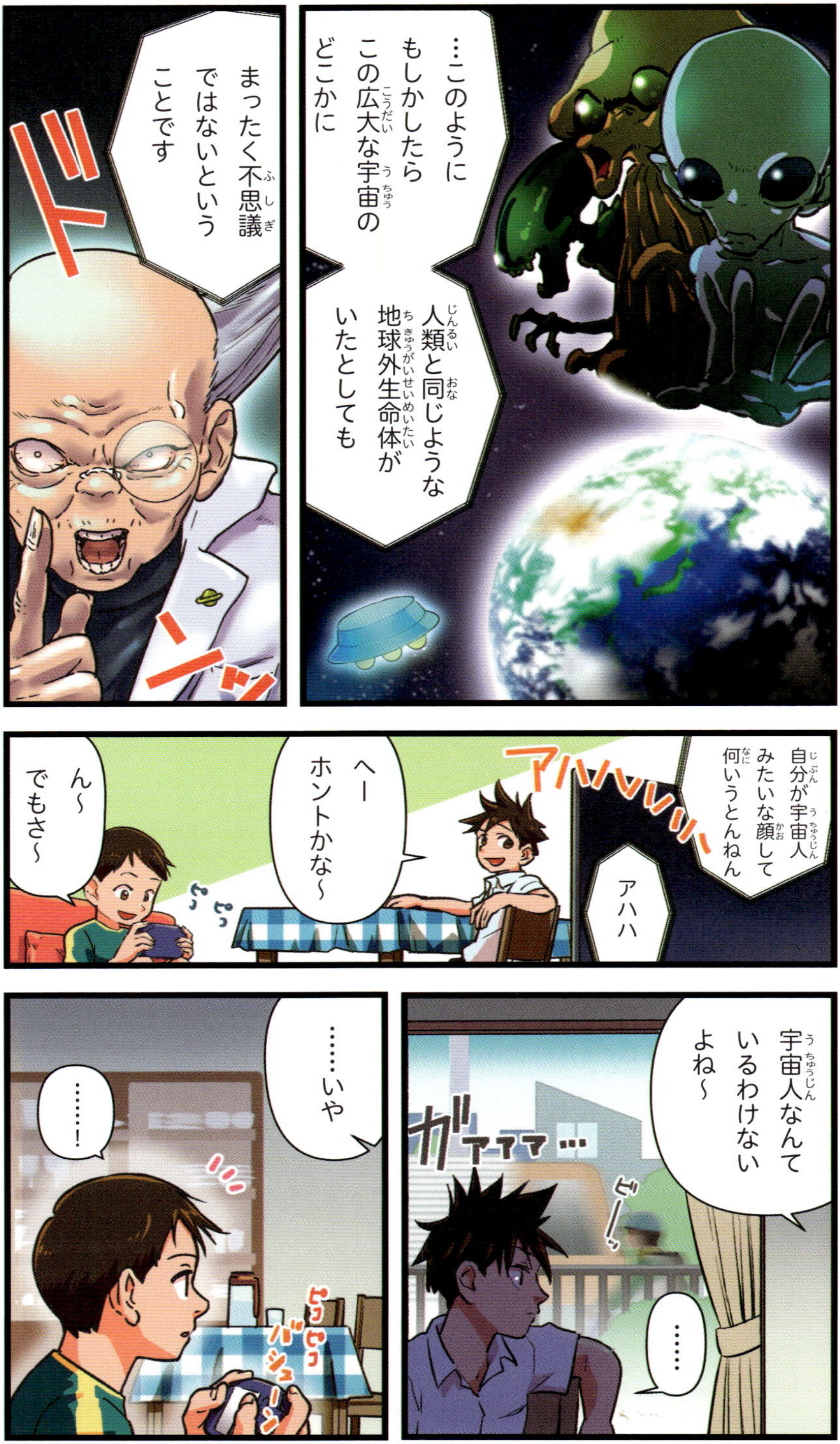

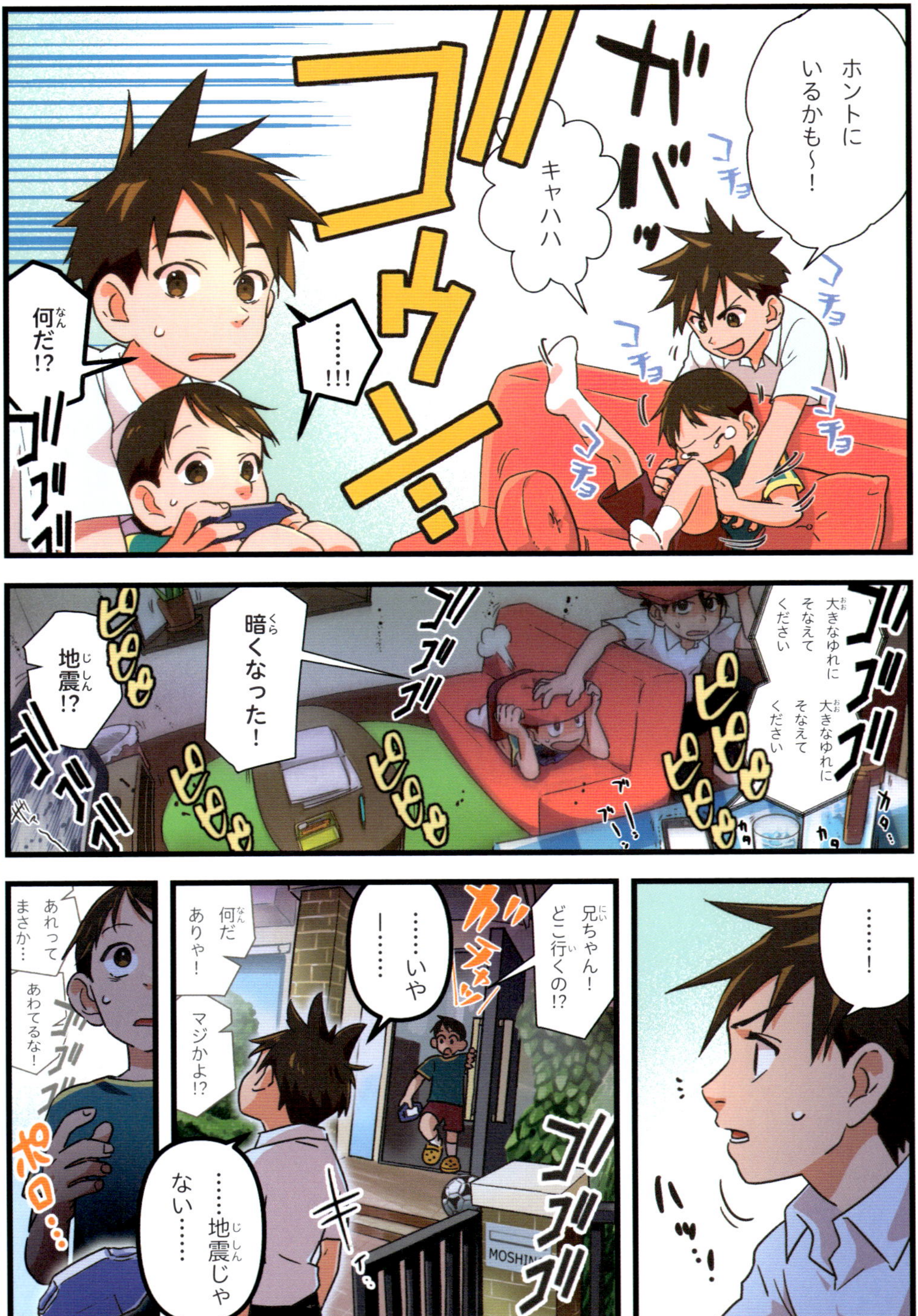
ホントにいるかも～!
コチョ コチョ コチョ コチョ コチョ
ガバッ
キャハハハ
ゴゴウン…!
……!!!
何《なん》だ!?
ゴゴゴ
大《おお》きなゆれにそなえてください
大《おお》きなゆれにそなえてください
ゴゴゴ
ピピピ
暗《くら》くなった!
地震《じしん》!?
カタ…
……!
ハッ…!
兄《にい》ちゃん!どこ行《い》くの!?
ガチャッ
……いやー……
何《なん》だありゃ!
マジかよ!?
……地震《じしん》じゃない……
ゴゴゴ
MOSHINA
キィ…
あれってまさか…
あわてるな!
ゴゴゴ
ポロ…

ブゥン‥

UFOだ……!
謎《なぞ》の巨大《きょだい》な飛行物体《ひこうぶったい》が突如出現《とつじょしゅつげん》
OMG《オー マイ ガー》
……orz
人類《じんるい》オワタw
世界中《せかいじゅう》で同様《どうよう》の現象《げんしょう》が目撃《もくげき》されており各国首脳《かっこくしゅのう》は—
人類滅亡乙《じんるいめつぼうおつ》
国民《こくみん》は命《いのち》を守《まも》る行動《こうどう》をとってください
軍隊《ぐんたい》を世界中《せかいじゅう》から集《あつ》めろ!
相手《あいて》が何者《なにもの》かわからない
まずは交渉《こうしょう》を試《こころ》みよう!
UFO出現!?
本日《ほんじつ》は宇宙人《うちゅうじん》にくわしい先生《せんせい》におこしいただき—
我々《われわれ》がよびかけてきたメッセージがとどいたのだ
これは宇宙人《うちゅうじん》の侵略《しんりゃく》です!
あまり接触《せっしょく》しないほうが懸命《けんめい》だ!

全員配置《ぜんいんはいち》についた
ゴウン
ゴウン
待機《たいき》せよ
カッ!
……!!
何《なに》かおりてきた
コォォォォォォ
なんだぁありゃあ……
グレイじゃねぇぜ
シュコー
シュコー
言語解析結果《げんごかいせきけっか》エラーです
何語《なにご》だ?
クトゥルフ…?
これより作戦実行《さくせんじっこう》にうつる
ザッ

ババ…
ババババ…
ギッ
ゴウン…
ゴウン…
スッ
くぱぁ
ギュッ…
ボコッ
ボコボコッ
!

!!!
……接触《せっしょく》により
この星《ほし》……地球《ちきゅう》の
言葉《ことば》を理解《りかい》した……
地球《ちきゅう》にくらす
諸君《しょくん》……
我々《われわれ》はきみたち
地球人《ちきゅうじん》から
するところの
宇宙人《うちゅうじん》だ
太陽系外惑星《たいようけいがいわくせい》
モシモンから
やってきた
ぜひ、きみたちと
友好的《ゆうこうてき》な関係《かんけい》を
築《きず》きたい
その
あかつきには
我々《われわれ》のすぐれた
科学技術《かがくぎじゅつ》を
さずけよう

oogle
宇宙人_
検
不気味《ぶきみ》!!分裂《ぶんれつ》する宇宙人《うちゅうじん》！
武器《ぶき》を使《つか》っても分裂《ぶんれつ》するのであまり効果《こうか》は
考察《こうさつ》】宇宙人《うちゅうじん》から身《み》を守《まも》るには
来《きた》る宇宙戦争《うちゅうせんそう》に向《む》けて色々《いろいろ》と考察《こうさつ》してみた
地球人《ちきゅうじん》は宇宙人《うちゅうじん》とたたかわない！
たたかわない！
モシモンは仲間!!
NO SPACE WAR!!!!
モシモンジュース
宇宙へ
宇宙党
総理《そうり》
宇宙人《うちゅうじん》とコンタクトできる専門家《せんもんか》をおよびしました
宇宙人《うちゅうじん》の真《しん》の目的《もくてき》は何《なん》なのか
総理《そうり》から直々《じきじき》に依頼《いらい》され宇宙人《うちゅうじん》とのコンタクトを—
敵《てき》なのか味方《みかた》なのか
これから地球人《ちきゅうじん》と宇宙人《うちゅうじん》の長《なが》い交渉《こうしょう》がはじまる……

宇宙人《うちゅうじん》は本当《ほんとう》にいるのか

宇宙《うちゅう》は果《は》てしなく広《ひろ》い。光《ひかり》は1秒間《びょうかん》で地球《ちきゅう》を7周《しゅう》半《はん》するほど速《はや》いが、それでも宇宙《うちゅう》の果《は》てまで138億光《おくこう》年《ねん》もかかる。同《おな》じ光《ひかり》の速度《そくど》ではかると、およそ1億《おく》4960㎞もはなれた太陽《たいよう》が、たった8分《ぷん》ほどなのだから、その想像《そうぞう》を絶《ぜっ》する広《ひろ》さがわかるだろう。

「宇宙《うちゅう》のどこかにわたしたち人間《にんげん》のような高等《こうとう》な生《い》き物《もの》がいるはずだ。人間《にんげん》よりも進《すす》んだ文明《ぶんめい》を持《も》った宇宙人《うちゅうじん》がいるかもしれない」……そう考《かんが》えた人《ひと》たちが、いろいろな宇宙人《うちゅうじん》の姿《すがた》を想像《そうぞう》してきたのだ。

有名《ゆうめい》な、タコのような火星人《かせいじん》は、イギリスの作家《さっか》ウェルズが、『宇宙戦争《うちゅうせんそう》』というSF《エスエフ》小説《しょうせつ》で考《かんが》え出《だ》したもの。当時《とうじ》、火星《かせい》には高度《こうど》な文明《ぶんめい》があり、知能《ちのう》が高《たか》い生物《せいぶつ》がすんでいるとしんじられていた。現在《げんざい》では、地球《ちきゅう》のある※太陽系《たいようけい》には、高度《こうど》な文明《ぶんめい》を持《も》つ宇《う》宙人《ちゅうじん》はいないといわれている。

※太陽系《たいようけい》……銀河系《ぎんがけい》という星《ほし》の集《あつ》まりのなかのひとつで、太陽《たいよう》を中心《ちゅうしん》にまわる惑星《わくせい》や衛星《えいせい》などの集《あつ》まりのこと。
（惑星《わくせい》→27ページ、衛星《えいせい》→32ページ）

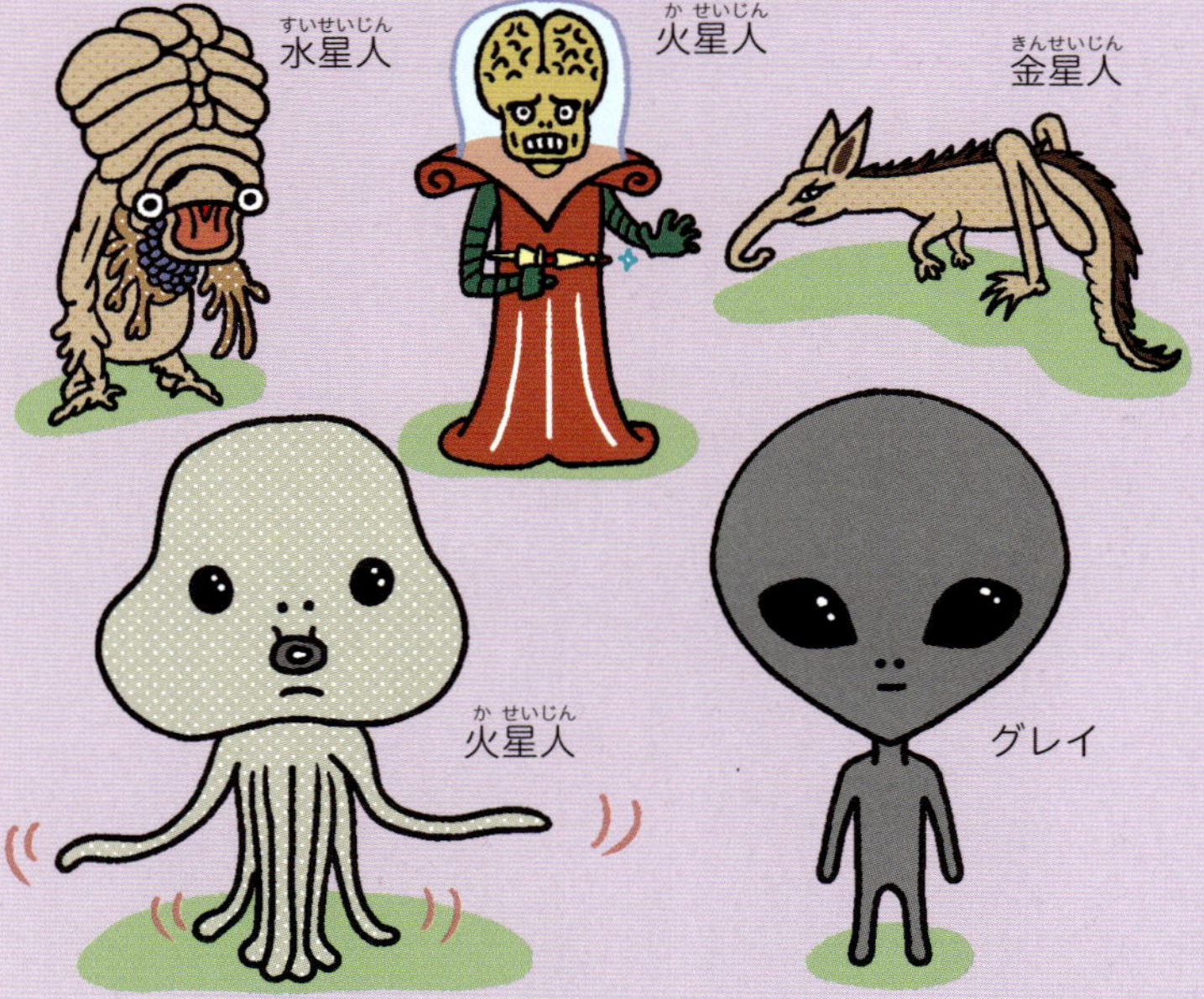

▲人間《にんげん》が想像《そうぞう》したさまざまな宇宙人《うちゅうじん》。

地球外生命体《ちきゅうがいせいめいたい》をさがそう

では、太陽系《たいようけい》には地球以外《ちきゅういがい》にまったく生《い》き物《もの》がいないのかというと、そうでもないようだ。

2005年《ねん》、火星《かせい》で氷《こおり》でできた湖《みずうみ》が発見《はっけん》された。火星《かせい》には、かつて水《みず》が流《なが》れていたようなあとが見《み》つかっており、水《みず》があるということは生《い》き物《もの》がいる、または、かつていたのではないかといわれているのだ。火星《かせい》には有害《ゆうがい》な放射線《ほうしゃせん》がふりそそいでいるため、生《い》き物《もの》がいるとすれば、地中《ちちゅう》の奥深《おくふか》くだろうといわれている。

宇宙人《うちゅうじん》、つまり、地球以外《ちきゅういがい》の天体《てんたい》にいる生《い》き物《もの》を「地球外生命体《ちきゅうがいせいめいたい》」という。

▲火星《かせい》のようす。生《い》き物《もの》がいるかも？

世界《せかい》ではじめて、地球外生命体《ちきゅうがいせいめいたい》をさがす取《と》り組《く》みがおこなわれたのは、1960年《ねん》、アメリカのグリーンバンク国立電波天文台《こくりつでんぱてんもんだい》の「オズマ計画《けいかく》」だ。宇宙《うちゅう》のどこかから発信《はっしん》される、人工的《じんこうてき》な信号《しんごう》がないかさぐったが、見《み》つからなかったという。

その後《ご》、世界《せかい》では地球外生命体《ちきゅうがいせいめいたい》をさぐる取《と》り組《く》みがされてきた。宇宙《うちゅう》に存在《そんざい》すると考《かんが》えられている、人間《にんげん》のように知能《ちのう》の高《たか》い生物《せいぶつ》をさがすプロジェクトを「地球外知的生命体探査《ちきゅうがいちてきせいめいたいたんさ》（Search for Extra Terrestrial Intelligence）」という。頭文字《かしらもじ》を取《と》って「SETI（セチ）」とよばれ、世界中《せかいじゅう》で同《おな》じプロジェクトがおこなわれている。2010年《ねん》には、日本《にほん》の研究者《けんきゅうしゃ》のよびかけで「オズマ計画《けいかく》50周年記念《しゅうねんきねん》・世界《せかい》合同《ごうどう》SETI」（ドロシー計画《けいかく》）がおこなわれた。

まだ、宇宙《うちゅう》からの信号《しんごう》をとらえたり、地球外生命体《ちきゅうがいせいめいたい》を発見《はっけん》したりすることはできていない。宇宙人《うちゅうじん》がいる可能性《かのうせい》は、まだまだ未知数《みちすう》なのだ。

宇宙《うちゅう》
地球《ちきゅう》

もしも
case
2

ブラックホールが近《ちか》くにあったら？

ピーン…ポーン…パーン…ポーン…

「本日《ほんじつ》は外出禁止《がいしゅつきんし》です、防護服《ぼうごふく》を着用《ちゃくよう》してください。くり返《かえ》します……」

ここ数年《すうねん》、地球《ちきゅう》では異常《いじょう》な電磁波《でんじは》が何度《なんど》も確認《かくにん》され、毎日《まいにち》のように竜巻《たつまき》や地響《じひび》きが起《お》きているのだ。

「また外《そと》に出《で》られないのかあ。」

サトルがつぶやいたとき、今《いま》までにないくらいの地響《じひび》きと竜巻《たつまき》が起《お》きた。

ビュオー！ビュオー！

「ぎゃあああああ！」

あっという間《ま》に、サトルの家《いえ》……いや、街《まち》そのもの、地球《ちきゅう》そのものがごなごなになってしまったのだった。

ブラックホールとは

太陽《たいよう》の8倍以上《ばいいじょう》の重《おも》さのある※恒星《こうせい》は、恒星《こうせい》としての寿命《じゅみょう》を終《お》えるとき、最後《さいご》に大爆発《だいばくはつ》を起《お》こす。なかでも、重《おも》さが太陽《たいよう》の30倍以上《ばいいじょう》もある、きわめて重《おも》い星《ほし》が大爆発《だいばくはつ》を起《お》こした場合《ばあい》、星《ほし》は自分《じぶん》の重《おも》さで中心《ちゅうしん》に向《む》かってつぶれつづけ、ブラックホールとなる。

▲ブラックホールができるまで

ブラックホールはとても重《おも》い天体《てんたい》だ。その強大《きょうだい》な重力《じゅうりょく》によって、引《ひ》きよせられた光《ひかり》や電波《でんぱ》さえも、すいこまれてしまう。光《ひかり》が返《かえ》ってこないということは、わたしたちの目《め》で直接観察《ちょくせつかんさつ》することはできないということ。それがブラックホールだ。

ブラックホールが星《ほし》やガスをすいこむとき、ブラックホールのまわりからX線《エックスせん》やγ線《ガンマせん》といった放《ほう》射線《しゃせん》が出《だ》される。この放射線《ほうしゃせん》を調《しら》べることで、目《め》に見《み》えないブラックホールが「そこにある」ということがわかるのだ。

超巨大《ちょうきょだい》なブラックホールがある！

このような、恒星《こうせい》の爆発《ばくはつ》によってできたものの他《ほか》にも、ブラックホールが確認《かくにん》されている。

多《おお》くの銀河《ぎんが》の中心《ちゅうしん》には、とてつもなく巨大《きょだい》なブラックホールがあることがわかっている。恒星《こうせい》からできたブラックホールは、重《おも》さが太陽《たいよう》の10倍《ばい》ほどだが、銀河《ぎんが》の中心《ちゅうしん》にあるものは、なんと太陽《たいよう》の100万倍《まんばい》から数十億倍《すうじゅうおくばい》の重《おも》さがあるのだ。

これらの超巨大《ちょうきょだい》なブラックホールがどうしてでき

るのかは、まだわかっていない。

ブラックホールに飲《の》みこまれると？

ブラックホールには、それ以上《いじょう》近《ちか》づくとその重力《じゅうりょく》からのがれられなくなる限界《げんかい》の距離《きょり》があり、これを「事象《じしょう》の地平面《ちへいめん》（地平線《ちへいせん》）」という。それより先《さき》を知《し》ることは不可能《ふかのう》な領域《りょういき》……その境界線《きょうかいせん》のことだ。この境界線《きょうかいせん》をこえると、時空《じくう》がゆがめられ、この世《よ》でもっとも速《はや》い光《ひかり》のスピードでも、もとの世界《せかい》にもどってくることはできない。

もし事象《じしょう》の地平面《ちへいめん》をこえてしまうと、どうなってしまうのだろうか？

ブラックホールは、中心《ちゅうしん》に近《ちか》づくにつれて、重力《じゅうりょく》がどんどん強《つよ》くなっていく。たとえば、宇宙船《うちゅうせん》が飲《の》みこまれた場合《ばあい》、ものすごく強《つよ》い力《ちから》で引《ひ》っぱられて細長《ほそなが》く引《ひ》きのばされ、こなごなになってしまうのだ。そして最後《さいご》には、粒子《りゅうし》のつぶにまで分解《ぶんかい》されて、ブラックホールに飲《の》みこまれていく。宇宙船《うちゅうせん》のなかの人間《にんげん》は生《い》きていることはできないだろう。

ただし、誰《だれ》もブラックホールに飲《の》みこまれたことはないから、理論上《りろんじょう》の「もしも」の話《はなし》だが……。

▶ブラックホールに飲《の》みこまれる宇宙船《うちゅうせん》。

※恒星《こうせい》……自分自身《じぶんじしん》で光《ひか》る星《ほし》のことで、地球《ちきゅう》がある太陽系《たいようけい》の恒星《こうせい》は太陽《たいよう》のみ。（太陽系《たいようけい》→16ページ）

太陽《たいよう》がブラックホールになったら

太陽《たいよう》がブラックホールになったとしたら、地球《ちきゅう》は飲《の》みこまれてしまうのだろうか？

現在《げんざい》の重《おも》さのままなら、その心配《しんぱい》はない。太陽《たいよう》（ブラックホール）と地球《ちきゅう》の引力《いんりょく》のバランスはそのままかわらないから、これまでと同《おな》じ距離《きょり》をたもったまま、地球《ちきゅう》は公転《こうてん》※をつづけることだろう。ただし、太陽《たいよう》の光《ひかり》がなくなることで、地球《ちきゅう》はたいへんな事態《じたい》になってしまう。（38ページ→太陽《たいよう》が消《き》えると？）

実際《じっさい》には、太陽《たいよう》は小《ちい》さすぎてブラックホールになることはない。（20ページ→ブラックホールとは）

地球《ちきゅう》のそばにブラックホール？

では、もし太陽《たいよう》くらいの重《おも》さをもつブラックホールが、地球《ちきゅう》の近《ちか》くにあったとしたら？

太陽《たいよう》がブラックホールになった場合《ばあい》、その大《おお》きさは直径《ちょっけい》3㎞（事象《じしょう》の地平面《ちへいめん》が3㎞）ほどの小《ちい》さなものだろう。その場合《ばあい》、地球《ちきゅう》の軌道《きどう》はかわらず、地球《ちきゅう》はまわりつづけるのではないだろうか。

現在《げんざい》、人工《じんこう》のブラックホールをつくる実験《じっけん》をしている科学者《かがくしゃ》もいるそうだ。何年後《なんねんご》か、ブラックホールの謎《なぞ》がまたひとつ、解明《かいめい》されているかもしれない。

▼無理矢理《むりやり》ブラックホールにするには？

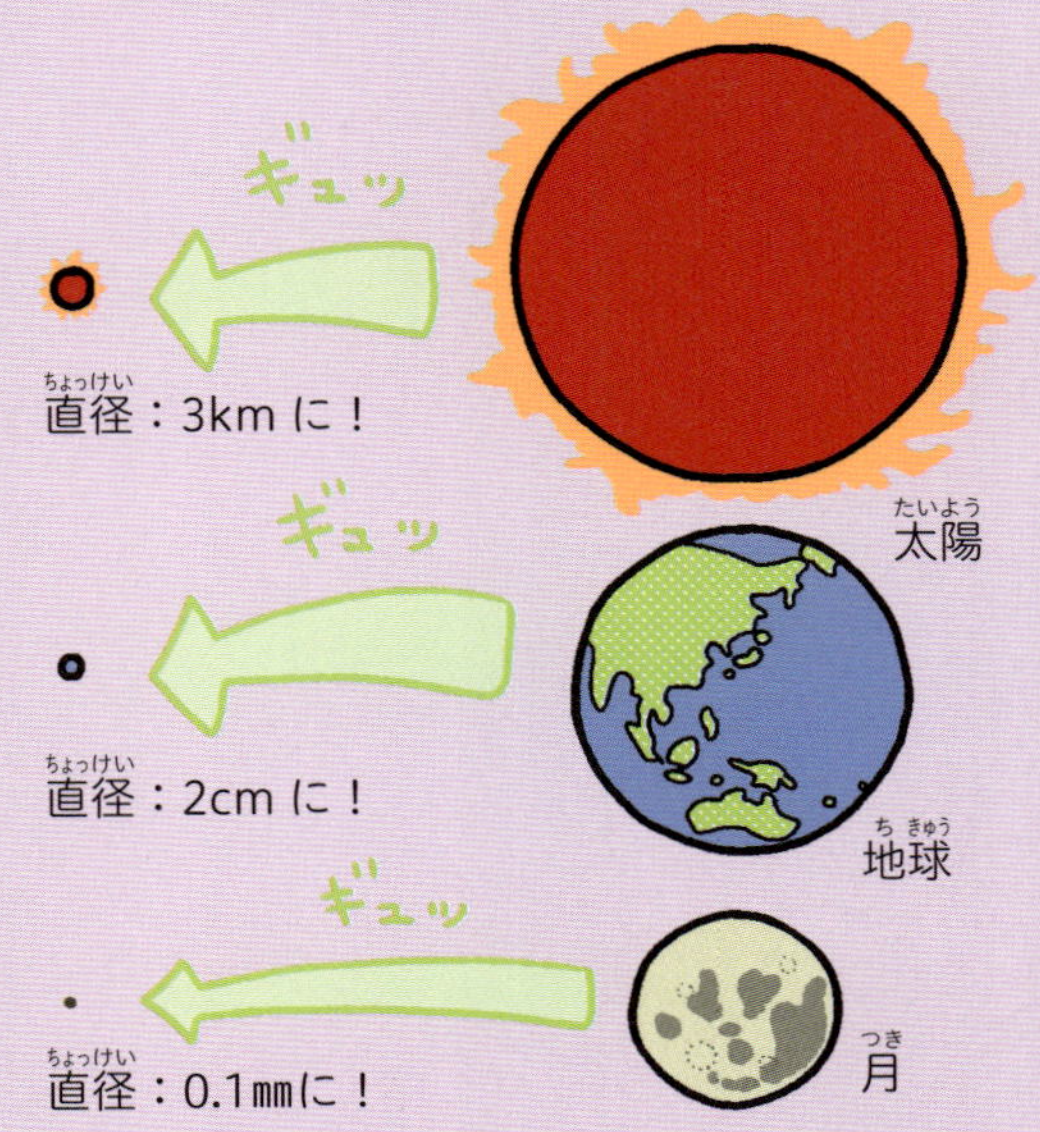

※公転《こうてん》……天体《てんたい》が他《ほか》の天体《てんたい》のまわりをまわること。

宇宙《うちゅう》は寒《さむ》い？ 暑《あつ》い？

宇宙空間《うちゅうくうかん》は真空《しんくう》で、空気《くうき》がない。暑《あつ》い寒《さむ》いといった、気温《きおん》での温度《おんど》のはかり方《かた》はなく、ものの表面温度《ひょうめんおんど》で熱《ねつ》をはかっている。

宇宙《うちゅう》では、太陽光《たいようこう》の当《あ》たる面《めん》はとても暑《あつ》く、日《ひ》かげになる面《めん》はとてもつめたくなる。暑《あつ》くなった物《もの》が空気《くうき》によってひやされたり、ひやされた物《もの》が温《あたた》められることがないからだ。地球《ちきゅう》のまわりの日《ひ》なたと日《ひ》かげで、温度差《おんどさ》は200℃にもなる。そのため人工衛星《じんこうえいせい》などは、熱《ねつ》を調節《ちょうせつ》するためのパネルやシートを使《つか》ったり、太陽光《たいようこう》に当《あ》たる角度《かくど》をかえたりして、高温《こうおん》や低温《ていおん》によるトラブルをさけている。

（写真／国立天文台）

▶太陽観測衛星《たいようかんそくえいせい》「ひので」

宇宙《うちゅう》に果《は》てはあるのか

宇宙《うちゅう》はおよそ138億年前《おくねんまえ》にでき、それからずっと広《ひろ》がりつづけていると考《かんが》えられている。宇宙《うちゅう》の果《は》てがどうなっているのかはわかっていない。

ただし、人間《にんげん》が観測《かんそく》できる宇宙《うちゅう》の果《は》てはある。今《いま》、宇宙《うちゅう》から地球《ちきゅう》にとどくもっとも遠《とお》くからくる光《ひかり》は、138億光年《おくこうねん》前《まえ》のものだ。光《ひかり》より速《はや》い物質《ぶっしつ》はない。つまり、わたしたちはそれより遠《とお》くを調《しら》べることはできないのだ。

宇宙《うちゅう》
地球《ちきゅう》

もしも
case
3

人間《にんげん》が他《ほか》の惑星《わくせい》に住《す》めたら？

ここは、火星《かせい》にある地球《ちきゅう》行《い》きの宇宙《うちゅう》ロケットステーション。火星《かせい》と地球《ちきゅう》をむすぶロケットが出《で》ている。

地球《ちきゅう》と惑星《わくせい》を行《い》き来《き》する、安全《あんぜん》な宇宙《うちゅう》輸送機《ゆそうき》ができた。そして、非常《ひじょう》に寒《さむ》い火《か》星《せい》を、人間《にんげん》が住《す》めるくらい快適《かいてき》にすることができたのだ。

火星《かせい》では、人間《にんげん》は巨大《きょだい》なドーム型《がた》の空《くう》間《かん》のなかで生活《せいかつ》している。住居《じゅうきょ》も学校《がっこう》も、病院《びょういん》やスーパーマーケットもすべてこの中《なか》にある。気温《きおん》は一定《いってい》し、雨《あめ》も雪《ゆき》もふらない。ここは快適《かいてき》そのものなのだ。ドーム内《ない》の安全《あんぜん》も、宇宙総合警備《うちゅうそうごうけいび》によって保《たも》たれているのだから……。

● 人間《にんげん》が住《す》める条件《じょうけん》

人間《にんげん》はなぜ、地球《ちきゅう》で生《い》きていられるのか？　生《い》きるために必要《ひつよう》な条件《じょうけん》を考《かんが》えてみよう。

❶ 空気《くうき》

生《い》き物《もの》は呼吸《こきゅう》をしないと生《い》きられない。酸素《さんそ》をすう必要《ひつよう》があるが、酸素《さんそ》の濃度《のうど》が高《たか》すぎても死《し》んでしまう。成分《せいぶん》バランスのとれた空気《くうき》が必要《ひつよう》だ。

❷ 水《みず》

人間《にんげん》の体《からだ》のおよそ60％は水分《すいぶん》でできている。また、飲《の》み水《みず》だけでなく、空気中《くうきちゅう》の湿度《しつど》も大切《たいせつ》だ。

❸ 気温《きおん》

ものすごく高温《こうおん》や低温《ていおん》な環境《かんきょう》では、人間《にんげん》は生《い》きていけない。適当《てきとう》な太陽《たいよう》からの距離《きょり》と、大気《たいき》や海《うみ》などにより、地球《ちきゅう》の気温《きおん》は適温《てきおん》にたもたれている。

❹ 食料《しょくりょう》

地球上《ちきゅうじょう》の植物《しょくぶつ》以外《いがい》の生《い》き物《もの》は、他《ほか》の生《い》き物《もの》を食《た》べることでエネルギーを得《え》ている。つまり、バランスのとれた生態系《せいたいけい》が必要《ひつよう》になる。

❺ 太陽《たいよう》の光《ひかり》

太陽《たいよう》の光《ひかり》を適度《てきど》にあびないと、わたしたちは病気《びょうき》になる。しかし、光《ひかり》が強《つよ》すぎてもまた病気《びょうき》になる。

こうしてみると、人間《にんげん》にとって、地球《ちきゅう》の環境《かんきょう》が最適《さいてき》なものであり、またわたしたちはとても弱《よわ》い生《い》き物《もの》なのだということがわかる。

▶美《うつく》しい地球《ちきゅう》。

宇宙《うちゅう》から見《み》た地球《ちきゅう》。▼
（メキシコ湾付近《わんふきん》）

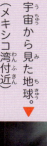

地球《ちきゅう》以外《いがい》の惑星《わくせい》に住《す》める可能性《かのうせい》

わたしたちが他《ほか》の※惑星《わくせい》に住《す》むなら、そこに人間《にんげん》にあった環境《かんきょう》をつくらねばならない。

もし、他《ほか》の惑星《わくせい》に基地《きち》をつくるとしたら、基地《きち》の材料《ざいりょう》はもちろん、まず人間《にんげん》が生《い》きていくのに必要《ひつよう》な空気《くうき》や水《みず》、食料《しょくりょう》などを地球《ちきゅう》から運《はこ》ばなくてはならない。これはかなりたいへんなことだ。

火星《かせい》を地球化《ちきゅうか》する?

一方《いっぽう》で、地球《ちきゅう》に似《に》た惑星全体《わくせいぜんたい》を人間《にんげん》の住《す》める環境《かんきょう》にかえてしまおうというアイデアもある。「惑星地球化《わくせいちきゅうか》(テラフォーミング)」といって、火星《かせい》がその有力候補《ゆうりょくこうほ》だ。

火星《かせい》は地球《ちきゅう》のとなりの惑星《わくせい》で、わずかだが空気《くうき》がある。火星《かせい》の北極《ほっきょく》と南極《なんきょく》は、ドライアイスと氷《こおり》でおおわれており、地表《ちひょう》のすぐ下《した》には、大量《たいりょう》の氷《こおり》があるのではないかと考《かんが》えられている。

計画《けいかく》では、火星《かせい》にねむる氷《こおり》をなんらかの方法《ほうほう》でとかし、水《みず》や空気《くうき》をふやすことで、気候《きこう》が変化《へんか》するのを待《ま》とうというのだ。空気《くうき》の量《りょう》がふえれば、寒《さむ》さもやわらぐはずだ。

ただし、人間《にんげん》に都合《つごう》のよい環境《かんきょう》に変化《へんか》するかどうかはわからない。火星《かせい》に変化《へんか》が起《お》きる前《まえ》に、人間《にんげん》がほろんでしまうことも考《かんが》えられる。それくらい時間《じかん》のかかる話《はなし》なのだ。

▲火星《かせい》の表面《ひょうめん》。火星《かせい》は、直径《ちょっけい》が地球《ちきゅう》のおよそ半分《はんぶん》、面積《めんせき》は地球《ちきゅう》の海《うみ》をのぞいた陸地《りくち》くらいの広《ひろ》さだ。地球《ちきゅう》より寒《さむ》く、夜《よる》はマイナス140℃、昼《ひる》でもプラス20℃にしかならない。

※惑星《わくせい》……恒星《こうせい》のまわりをまわる天体《てんたい》。地球《ちきゅう》も惑星《わくせい》のひとつ。(恒星《こうせい》→21ページ)

太陽系《たいようけい》にはどんな惑星《わくせい》がある？

太陽《たいよう》のまわりをまわる惑星《わくせい》は、地球《ちきゅう》と火星以外《かせいいがい》に6つある。それぞれどんな星《ほし》なのだろう？　人間《にんげん》が住《す》めるような場所《ばしょ》はあるのだろうか？

●水星《すいせい》

太陽《たいよう》の一番近《いちばんちか》くをまわる、もっとも小《ちい》さい惑星《わくせい》。大《おお》きさは、月《つき》と火星《かせい》の中間《ちゅうかん》くらい。表面《ひょうめん》のようすは月《つき》によく似《に》ている。昼《ひる》の表面《ひょうめん》の温度《おんど》は430℃にもなる。

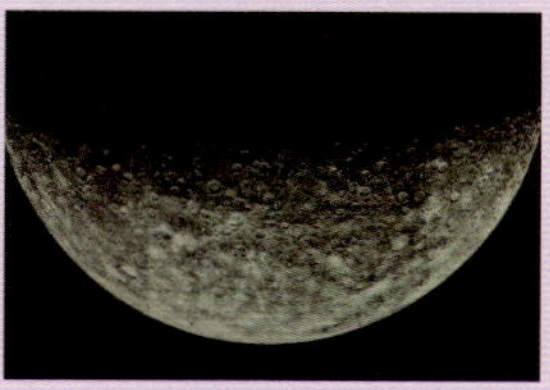

●金星《きんせい》

地球《ちきゅう》とほぼ同《おな》じ大《おお》きさ。高温《こうおん》のため水分《すいぶん》がなく、あれた溶岩《ようがん》の表《ひょう》面《めん》だ。大気《たいき》は、おもに二酸化炭素《にさんかたんそ》。気圧《きあつ》が高《たか》く、濃《こ》い霧《きり》がたちこめている。上空《じょうくう》は硫酸《りゅうさん》の雲《くも》でおおわれている。表面温度《ひょうめんおんど》は400～500℃。

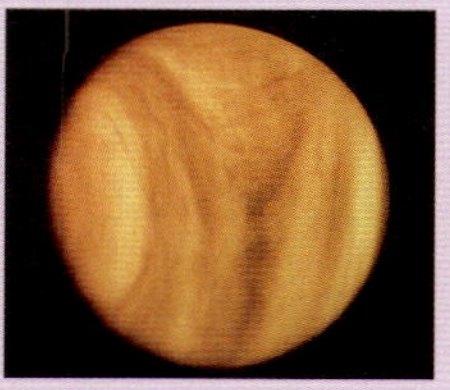

●木星《もくせい》

太陽系《たいようけい》で最大《さいだい》の惑星《わくせい》で、直径《ちょっけい》は地球《ちきゅう》のおよそ11倍《ばい》、体積《たいせき》はおよそ1300倍《ばい》。地球《ちきゅう》のようなかたい表面《ひょうめん》がなく、ほぼ水素《すいそ》とヘリウムからできたガスのかたまりだ。

●土星《どせい》

かたい表面《ひょうめん》をもたない巨大《きょだい》なガスの惑星《わくせい》で、大《おお》きな輪《わ》がある。輪《わ》は数《かぞ》えきれないほどの小《ちい》さな氷《こおり》がならんでできたものだ。輪《わ》

の内側《うちがわ》から外側《そとがわ》までの幅《はば》はおよそ6万《まん》km以上《いじょう》にもなるが、あつみは数十《すうじゅう》mほどしかない。

●天王星《てんのうせい》

巨大《きょだい》な惑星《わくせい》で、直径《ちょっけい》は地球《ちきゅう》のおよそ4倍《ばい》もある。とても寒《さむ》い惑星《わくせい》で、おもに水素《すいそ》とヘリウムのガスからなり、メタンもあるため青《あお》っぽく見《み》える。

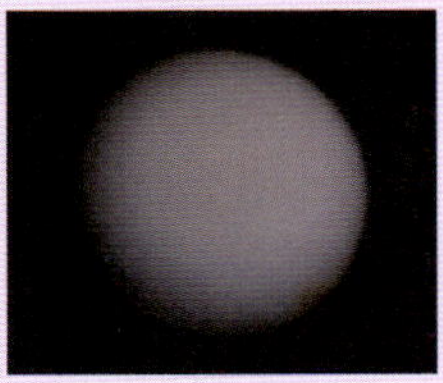

●海王星《かいおうせい》

太陽系《たいようけい》でもっとも外《そと》にある惑星《わくせい》で、太陽《たいよう》からの距離《きょり》は地球《ちきゅう》とくらべおよそ30倍《ばい》になる。天王星《てんのうせい》よりさらに青《あお》い惑星《わくせい》。時速《じそく》2000kmをこえる風《かぜ》が上空《じょうくう》にふきあれ、表面《ひょうめん》はマイナス218℃の低温《ていおん》だ。

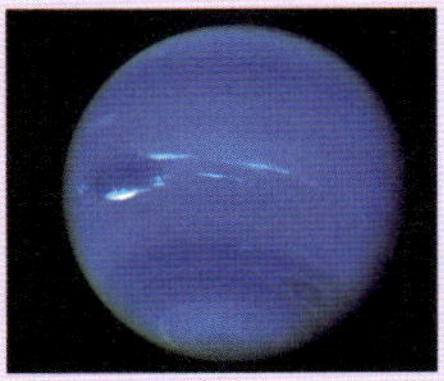

土星《どせい》の輪《わ》が消《き》える？

土星《どせい》の輪《わ》を地球《ちきゅう》から見《み》たとき、かたむきはいつも同《おな》じではない。土星《どせい》はおよそ15年《ねん》の周期《しゅうき》で、かたむきが変化《へんか》して見《み》える。輪《わ》が真横《まよこ》に見《み》えるとき（図《ず》の①と⑤）は、大《おお》きな望遠鏡《ぼうえんきょう》でのぞいても、土星《どせい》の輪《わ》は地《ち》球《きゅう》から見《み》えなくなってしまう。

ただし、宇宙空間《うちゅうくうかん》では、土星《どせい》の輪《わ》はいつも一定《いってい》の角度《かくど》でまわっている。土星《どせい》の輪《わ》が消滅《しょうめつ》してしまうわけではないのだ。

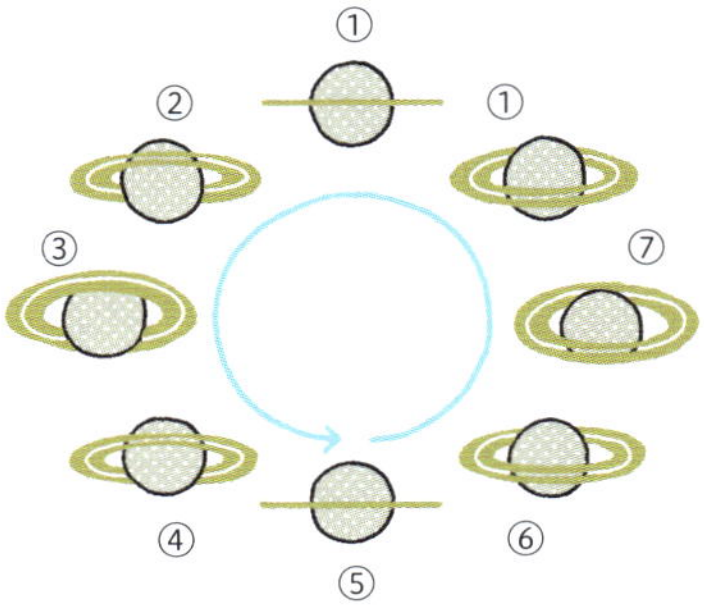

▶地球《ちきゅう》から見《み》た土星《どせい》の輪《わ》のかたむき。

もしも case 4

月《つき》がなくなったら？

××53年《ねん》、8月《がつ》3日《か》。夏休《なつやす》みを楽《たの》しむ親子《おやこ》づれで海岸《かいがん》はにぎわっている。

そのとき、急《きゅう》に強風《きょうふう》がふき、巨大《きょだい》な波《なみ》がおそってきた。月《つき》が突然《とつぜん》消《き》えたため、潮《しお》の満《み》ち引《ひ》きがくるったのだ。

ドドドドド……ドバーン！

さっきまでの楽《たの》しげな雰囲気《ふんいき》は一変《いっぺん》。にげまどう海水浴客《かいすいよくきゃく》であふれ、それを追《お》うように、強風《きょうふう》と海水《かいすい》がおしよせてくる。誰《だれ》も立《た》っていることはできない。

同《おな》じようなことが、世界中《せかいじゅう》の海岸《かいがん》で起《お》きていた。海岸《かいがん》に近《ちか》い街《まち》は海水《かいすい》にのまれ、強風《きょうふう》で家《いえ》やビルはなぎたおされた。

地球《ちきゅう》は生《い》き物《もの》が住《す》める場所《ばしょ》ではなくなってしまうのだろうか……。

月《つき》がなくなるとどうなるのか？

月《つき》は地球《ちきゅう》の※衛星《えいせい》であり、もっとも近《ちか》くにある天体《てんたい》だ。地球《ちきゅう》の4分《ぶん》の1ほどの直径《ちょっけい》で、意外《いがい》と大《おお》きい。月《つき》がなくなった地球《ちきゅう》を予想《よそう》してみよう。

❶ 潮《しお》の満《み》ち引《ひ》きがなくなる

地球《ちきゅう》は、月《つき》の引力《いんりょく》の影響《えいきょう》を強《つよ》くうけている。目《め》に見《み》える形《かたち》での、もっとも大《おお》きな影響《えいきょう》は潮《しお》の満《み》ち引《ひ》きだろう。海水《かいすい》が月《つき》に引《ひ》っぱられ、海面《かいめん》が高《たか》くなるのだ（太陽《たいよう》の影響《えいきょう》も少《すこ》しある）。もし月《つき》がなければ、今《いま》のような潮《しお》の満《み》ち引《ひ》きはなくなってしまう。

月《つき》の引力《いんりょく》の逆側《ぎゃくがわ》もふくらんでいるのは、遠心力《えんしんりょく》のため。

※衛星《えいせい》……惑星《わくせい》などのまわりをまわる天体《てんたい》。（惑星《わくせい》→27ページ）

❷ 生《い》き物《もの》が持《も》つリズムをうしなう

地球上《ちきゅうじょう》の生《い》き物《もの》は、月《つき》の引力《いんりょく》や公転《こうてん》のリズムとともに生《い》きてきた。たとえばウミガメや魚《さかな》など、満月《まんげつ》の夜《よる》に産卵《さんらん》するものが多《おお》い。月《つき》がなくなると、こうした行動《こうどう》リズムのよりどころをうしない、多《おお》くの生《い》き物《もの》が死《し》んでしまうかもしれない。

❸ 異常気象《いじょうきしょう》がふえる

月《つき》は、地球《ちきゅう》の自転《じてん》にも大《おお》きな影響力《えいきょうりょく》がある。もしも月《つき》がなければ、地球《ちきゅう》の自転《じてん》の周期《しゅうき》、つまり1日《にち》が24時間《じかん》であることなどが、今《いま》とはちがう状態《じょうたい》になるにちがいない。その結果《けっか》として、豪雨《ごうう》や干《かん》ばつ、気《き》温《おん》の変動《へんどう》がはげしくなるなど、異常気象《いじょうきしょう》がふえることになるだろう。

いずれにしても、地球上《ちきゅうじょう》の生《い》き物《もの》にとっては、きびしい環境《かんきょう》になることはまちがいない。

引力《いんりょく》とは？

重《おも》さをもつ物体《ぶったい》に起《お》きる、引《ひ》きよせ合《あ》う力《ちから》のことを「万有引力《ばんゆういんりょく》」という。

万有引力《ばんゆういんりょく》は、その重《おも》さが重《おも》いほど強《つよ》くなり、距離《きょり》がはなれるにつれて弱《よわ》くなる。地球上《ちきゅうじょう》では地球《ちきゅう》がとびぬけて重《おも》いので、空気《くうき》も水《みず》も人《ひと》も、地球《ちきゅう》に引《ひ》きよせられているのだ。

▲海《うみ》も空気《くうき》も人《ひと》も、地球《ちきゅう》の中心《ちゅうしん》に引《ひ》きよせられる。

月《つき》も地球《ちきゅう》と引《ひ》き合《あ》っている。月《つき》が外《そと》にとんでいこうとする力《ちから》と、ふたつの天体《てんたい》の間《あいだ》にはたらく引力《いんりょく》のバランスがとれているので、月《つき》は地球《ちきゅう》のまわりをぐるぐるとまわっているわけだ。

重力《じゅうりょく》とは？

地球《ちきゅう》の引力《いんりょく》によって、地球上《ちきゅうじょう》の物体《ぶったい》にかかる地面《じめん》方向《ほうこう》への力《ちから》を「重力《じゅうりょく》」という。重力《じゅうりょく》は、地球《ちきゅう》の万有《ばんゆう》引力《いんりょく》から、地球《ちきゅう》の自転《じてん》による遠心力《えんしんりょく》をさし引《ひ》いたものになる。

月面《げつめん》におりたてば、月《つき》による重力《じゅうりょく》を感《かん》じることになる。ただし、月《つき》の大《おお》きさは地球《ちきゅう》の4分《ぶん》の1で、重《おも》さも100分《ぶん》の1ほどしかない。つまり月《つき》の万有引力《ばんゆういんりょく》は地球《ちきゅう》より弱《よわ》くなり、月《つき》での重力《じゅうりょく》は地球上《ちきゅうじょう》の6分《ぶん》の1になる。そのため、体《からだ》が軽《かる》く感《かん》じたり、高《たか》くジャンプできたりするようになるのだ。

月《つき》はどうやってできたのか？

月《つき》は、地球《ちきゅう》とほぼ同時期《どうじき》のおよそ46億年前《おくねんまえ》にできたという。はっきりとしたことはわかっていないが、もっとも有力《ゆうりょく》な説《せつ》が「巨大衝突説《きょだいしょうとつせつ》」。できはじめの地球《ちきゅう》に大《おお》きな天体《てんたい》がぶつかり、地球《ちきゅう》のまわりにとびちったかけらが集《あつ》まってできたという説《せつ》だ。

月《つき》の石《いし》などからの分析《ぶんせき》によると、月《つき》は地球《ちきゅう》とよく似《に》た物質《ぶっしつ》でできているが、まったく同《おな》じではない。

未来《みらい》の月《つき》

月《つき》は1年《ねん》におよそ3㎝、地球《ちきゅう》からはなれているという。月《つき》の引力《いんりょく》で潮《しお》の満《み》ち引《ひ》きが起《お》きるとき、海水《かいすい》が海底《かいてい》を引《ひ》きずるためまさつが起《お》き、地球《ちきゅう》の自転《じてん》は少《すこ》しずつおそくなっている。

地球《ちきゅう》の自転《じてん》がおそくなった分《ぶん》のエネルギーは、月《つき》の公転《こうてん》のスピードを速《はや》める。その結果《けっか》、月《つき》は地球《ちきゅう》から少《すこ》しずつはなれていっているのだ。

大昔《おおむかし》の月《つき》

月《つき》は、だ円《えん》をえがいて地球《ちきゅう》のまわりをまわっている。現在《げんざい》、月《つき》までの距離《きょり》は平均《へいきん》しておよそ38万《まん》5000㎞もある。

月《つき》が少《すこ》しずつ地球《ちきゅう》からはなれていっているといっても、地球《ちきゅう》と月《つき》の距離《きょり》を考《かんが》えるとほんのわずか。人類《じんるい》の進化《しんか》は、サルと分《わ》かれた時期《じき》から数《かぞ》えても、まだおよそ600万年《まんねん》だから、大昔《おおむかし》の人類《じんるい》が見上《みあ》げた月《つき》と今《いま》の月《つき》は、それほどかわらないかもしれない。

他《ほか》の惑星《わくせい》に衛星《えいせい》はあるのか

水星《すいせい》と金星《きんせい》には、地球《ちきゅう》の月《つき》にあたる衛星《えいせい》はないが、その他《ほか》の太陽系《たいようけい》の惑星《わくせい》にはたくさんの衛星《えいせい》がある。

火星《かせい》にはフォボスとダイモスとよばれるふたつの衛星《えいせい》がある。どちらも小《ちい》さく、きれいな球形《きゅうけい》ではない。どちらも火星《かせい》の引力《いんりょく》にとらえられた小惑星《しょうわくせい》だと考《かんが》えられている。

木星《もくせい》は、わかっているだけでも衛星《えいせい》を67個《こ》もっている。このうち、天文学者《てんもんがくしゃ》ガリレオによって発見《はっけん》された大《おお》きな4つの衛星《えいせい》はガリレオ衛星《えいせい》とよばれ、イオ、エウロパ、ガニメデ、カリストという名前《なまえ》がつけられている。もっとも大《おお》きいの衛星《えいせい》ガニメデは、惑星《わくせい》である水星《すいせい》よりも大《おお》きい。

土星《どせい》には、62個《こ》の衛星《えいせい》が知《し》られている。もっとも大《おお》きい衛星《えいせい》タイタンには、おもに窒素《ちっそ》とメタンからなる濃《こ》い大気《たいき》があり、地下《ちか》には海《うみ》があると考《かんが》えられている。

天王星《てんのうせい》には、27個《こ》の衛星《えいせい》が確認《かくにん》されている。それぞれには、ギリシャ神話《しんわ》などに登場《とうじょう》する人物《じんぶつ》や精霊《せいれい》の名前《なまえ》がつけられている。

海王星《かいおうせい》には、14個《こ》の衛星《えいせい》が確認《かくにん》され、一番大《いちばんおお》きな衛星《えいせい》はトリトンとよばれている。ふつう、衛星《えいせい》は惑《わく》星《せい》の自転《じてん》と同《おな》じ方向《ほうこう》に公転《こうてん》するが、トリトンは海王《かいおう》星《せい》の自転《じてん》とは逆方向《ぎゃくほうこう》にまわっている。

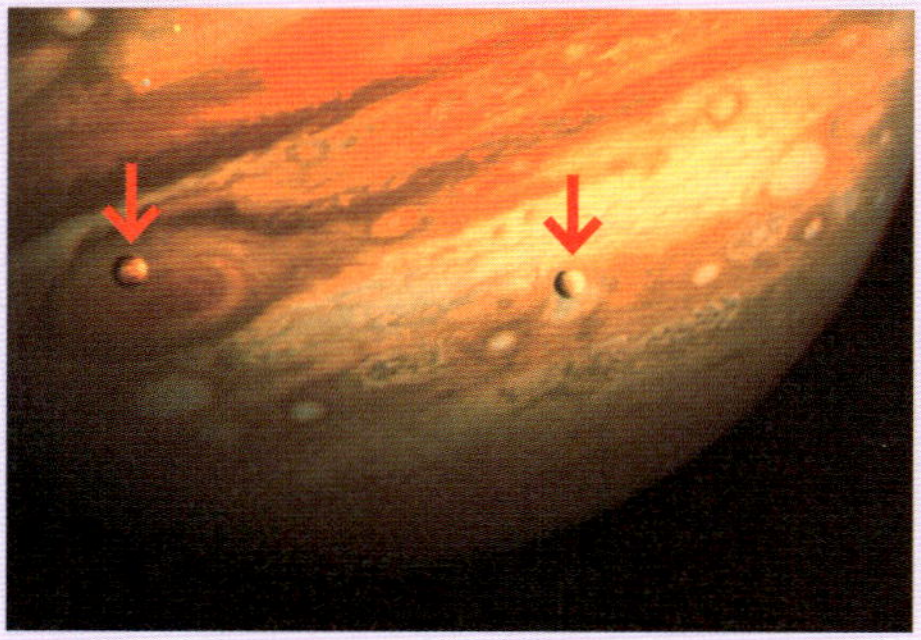

▲木星《もくせい》の衛星《えいせい》、イオ（左《ひだり》）とエウロパ（右《みぎ》）。

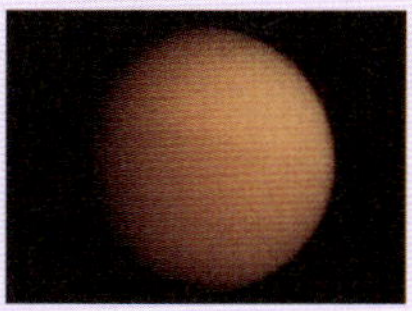

▲土星《どせい》の衛星《えいせい》タイタン。

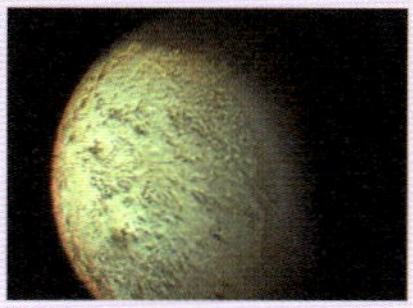

▲海王星《かいおうせい》の衛星《えいせい》トリトン。

※それぞれの惑星《わくせい》の衛星《えいせい》の数《かず》は、2016年《ねん》10月《がつ》現在《げんざい》。

宇宙《うちゅう》
地球《ちきゅう》

もしも
case
5

太《たい》陽《よう》がなくなったら?

真《ま》っ青《さお》な空《そら》が広《ひろ》がり、太陽《たいよう》がてりつける真夏《まなつ》の昼《ひる》さがり。急《きゅう》に、空《そら》が夜《よる》のように真《ま》っ暗《くら》になった。

「ど、どうしたんだ？」

「今日《きょう》って日食《にっしょく》なの？」

「急《きゅう》に寒《さむ》くなってきた……。」

街《まち》は真《ま》っ暗《くら》になり、気温《きおん》も急激《きゅうげき》に下《さ》がったようだ。人々《ひとびと》はあわてて建物《たてもの》ににげこんだが、気温《きおん》の下降《かこう》は止《と》まらない。

太陽《たいよう》が消《き》えてしまったのだ。

次《つぎ》の日《ひ》、すべての海水《かいすい》、あらゆる水《みず》はこおりつき、たえられない寒《さむ》さが地球全《ちきゅうぜん》体《たい》をおおっていた。植物《しょくぶつ》も動物《どうぶつ》もこおりつき、新《あたら》しく命《いのち》は育《そだ》たない。人類《じんるい》がほろびるのも、時間《じかん》の問題《もんだい》だろう……。

太陽《たいよう》が消《き》えると？

地球《ちきゅう》にとって、太陽《たいよう》はなくてはならない恒星《こうせい》だ。太陽《たいよう》からとどく光《ひかり》と熱《ねつ》のおかげで、地球《ちきゅう》の生《い》き物《もの》は生《い》きていられるのだから。

もし太陽《たいよう》の光《ひかり》が消《き》えてしまうと、地球《ちきゅう》では暗《くら》い夜《よる》がずっとつづく。そして気温《きおん》はぐんとさがり、海《うみ》をはじめ、地上《ちじょう》の水《みず》もすべてこおってしまうだろう。

太陽《たいよう》はなぜかがやいているのか？

実《じつ》は、太陽《たいよう》はもえているのではなく、中心《ちゅうしん》でできた光《ひかり》や熱《ねつ》を表面《ひょうめん》から出《だ》している。太陽《たいよう》の70％をしめる水素《すいそ》が、たえず核融合反応《かくゆうごうはんのう》を起《お》こしているのだ。

水素《すいそ》がつきた場合《ばあい》、次《つぎ》はヘリウムとの核融合反応《かくゆうごうはんのう》がつづく。太陽《たいよう》は46億年前《おくねんまえ》からかがやきはじめ、今《いま》が寿命《じゅみょう》のちょうど半分《はんぶん》くらいにあたる。人間《にんげん》でいえば、はたらきざかりの大人《おとな》といえるだろう。

太陽《たいよう》の終《お》わり

太陽《たいよう》が星《ほし》としての寿命《じゅみょう》をむかえるときは、まず赤《せき》色巨星《しょくきょせい》という巨大《きょだい》な星《ほし》にふくれあがる。今《いま》の大《おお》きさの数百倍《すうひゃくばい》にもなり、このとき地球《ちきゅう》は太陽《たいよう》に飲《の》みこまれ、生《い》きのびるのはむずかしいかもしれない。太陽《たいよう》はその後《ご》、中心《ちゅうしん》に地球《ちきゅう》ほどの白色矮星《はくしょくわいせい》がのこる。白色矮星《はくしょくわいせい》の大《おお》きさは地球《ちきゅう》くらいだが、重《おも》さが太《たい》陽《よう》ほどもある。

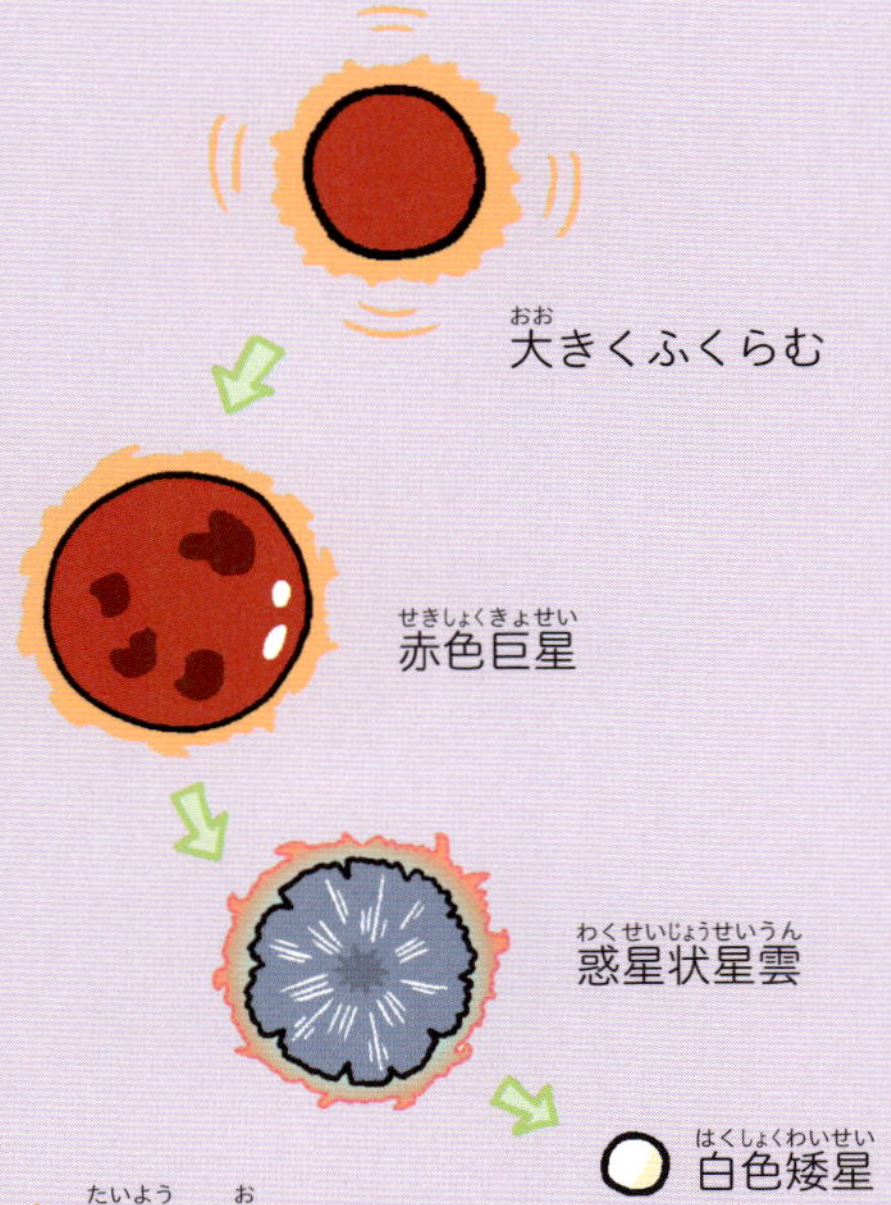

▲太陽《たいよう》が終《お》わるまで。

地球《ちきゅう》から見《み》た太陽《たいよう》

地球《ちきゅう》では、太陽《たいよう》が見《み》える時間帯《じかんたい》は昼《ひる》になる。これは、太陽《たいよう》が地球《ちきゅう》の近《ちか》くにある、光《ひかり》の強《つよ》い大《おお》きな星《ほし》だからだ。

もし太陽《たいよう》が小《ちい》さく光《ひかり》が弱《よわ》ければ、地球《ちきゅう》に昼《ひる》はなくなるだろう。

宇宙《うちゅう》から見《み》た太陽《たいよう》

人間《にんげん》にとってとくべつな星《ほし》である太陽《たいよう》だが、宇宙《うちゅう》のなかでは、ごく平凡《へいぼん》な星《ほし》であるという。

地上《ちじょう》から夜空《よぞら》を見上《みあ》げたときに、人間《にんげん》の目《め》で見《み》える星《ほし》はおよそ8500個《こ》だが、そのほとんどが太陽《たいよう》と同《おな》じ恒星《こうせい》だ。そして銀河系《ぎんがけい》には、およそ2000億個《おくこ》の恒星《こうせい》がある。

宇宙《うちゅう》には、太陽《たいよう》の何百倍《なんびゃくばい》もの大《おお》きさの星《ほし》もあるという。星《ほし》の温度《おんど》にしても、太陽《たいよう》はおよそ6000℃ほどだが、シリウスはおよそ1万《まん》℃もある。シリウスは、おおいぬ座《ざ》のとても明《あか》るい星《ほし》で、人間《にんげん》が見《み》える星《ほし》のなかでも一番明《いちばんあか》るく、冬《ふゆ》になると都会《とかい》からでも見《み》える。地球《ちきゅう》から遠《とお》くにあるため、小《ちい》さく暗《くら》く見《み》えているだけなのだ。

▲シリウスは太陽《たいよう》のおよそ2倍《ばい》の大《おお》きさ。
宇宙《うちゅう》には、シリウスの何倍《なんばい》もの星《ほし》がある。

宇宙《うちゅう》
地球《ちきゅう》

もしも
case
6

地球《ちきゅう》の自転《じてん》が止《と》まったら？

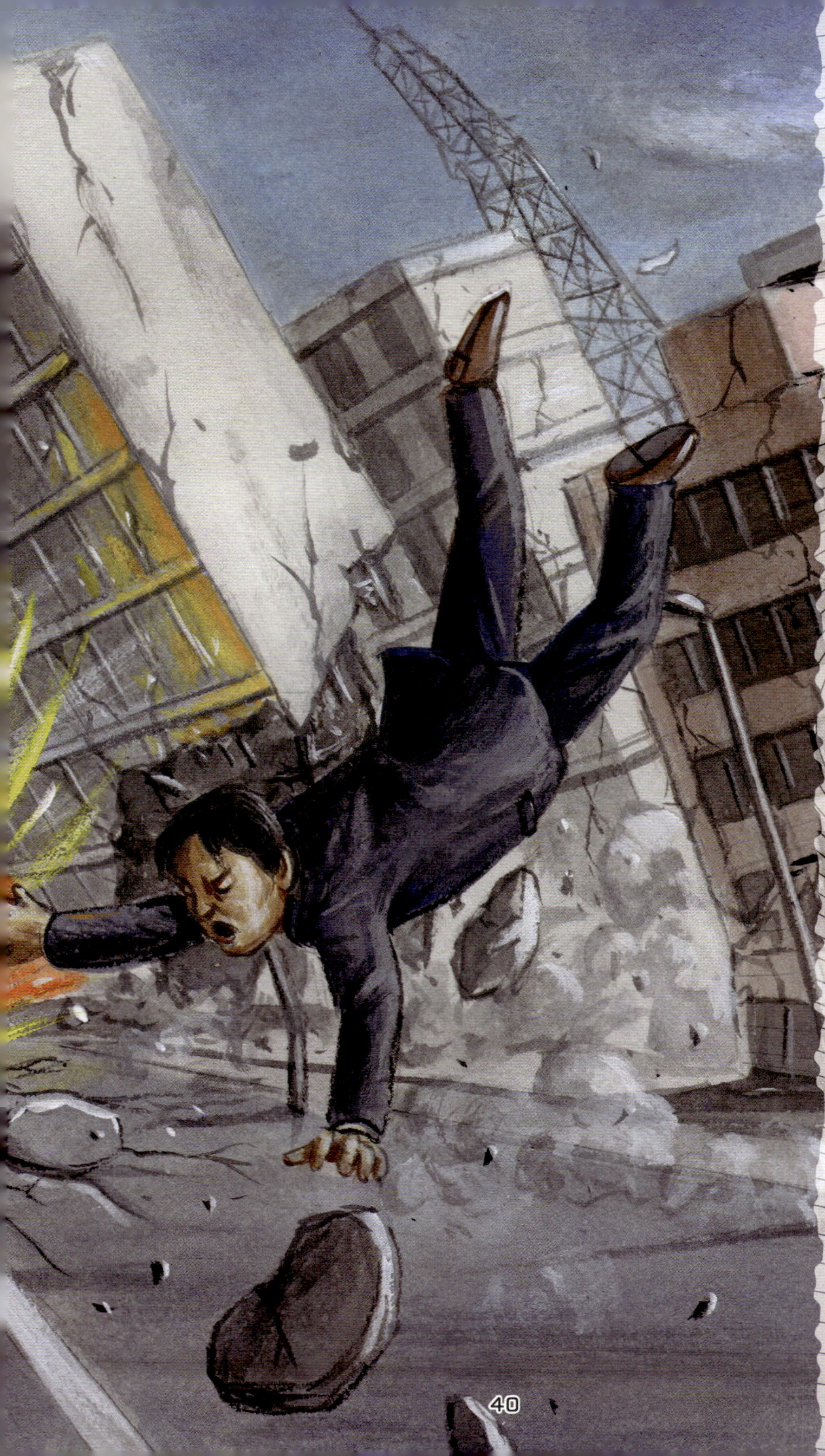

もしも

買《か》い物客《ものきゃく》でにぎわう街《まち》。

と、突然《とつぜん》。急《きゅう》ブレーキをかけたかのように、車《くるま》も、ビルも、人《ひと》も、すべてのものがふっとんでしまった。

「うわああああ！」

必死《ひっし》につかまる人《ひと》、転《ころ》がる車《くるま》……。そこへものすごい強風《きょうふう》がふきあれた。

ビュオーゴゴゴゴ……

地響《じひび》きとともに地面《じめん》がとび、津波《つなみ》がおしよせ、地中《ちちゅう》のマグマがふき出《だ》した。さけぶ間《ま》もなく、人々《ひとびと》は飲《の》みこまれてゆく。

やがて地球《ちきゅう》は、夏《なつ》は最高気温《さいこうきおん》が100℃をこえ、冬《ふゆ》は最低気温《さいていきおん》マイナス100℃を下《した》回《まわ》るという、極端《きょくたん》な世界《せかい》になったのだ……。

地球《ちきゅう》が自転《じてん》している理由《りゆう》

地球《ちきゅう》は、北極《ほっきょく》と南極《なんきょく》をつないだ軸《じく》（自転軸《じてんじく》）を中心《ちゅうしん》に、西《にし》から東《ひがし》へ1日《にち》1回転《かいてん》している。これを自転《じてん》という。1日《にち》のはじめに朝《あさ》がきて、昼《ひる》になり、夜《よる》になるのも、地球《ちきゅう》が自転《じてん》しているおかげだ。

実《じつ》は、地球《ちきゅう》だけではなく、惑星《わくせい》はみんな自転《じてん》している。惑星《わくせい》は、ガスやチリが集《あつ》まってできたと考《かんが》えられていて、ぶつかったときの衝撃《しょうげき》や角度《かくど》で、その惑星《わくせい》の自転《じてん》の向《む》きやスピードが決《き》まったとされる。

もしも自転《じてん》が急《きゅう》に止《と》まったら？

地球《ちきゅう》の自転《じてん》の速度《そくど》は一番速《いちばんはや》い赤道付近《せきどうふきん》で時速《じそく》1700㎞、秒速《びょうそく》460mをこえる。飛行機《ひこうき》（ジャンボ機《き》）の時速《じそく》がおよそ1000㎞だから、その速《はや》さがよくわかる。

もしも今《いま》、急《きゅう》に地球《ちきゅう》の自転《じてん》が止《と》まったら、地球《ちきゅう》の地面《じめん》はすべて、こなごなにくだけちってしまうだろう。電車《でんしゃ》や車《くるま》が急《きゅう》ブレーキをかけると、前《まえ》に転《ころ》びそうになることがあるが、自転《じてん》が急《きゅう》に止《と》まるということは、この何百倍《なんびゃくばい》、何千倍《なんぜんばい》もの力《ちから》で急《きゅう》ブレーキをかけるようなものだ。

地上《ちじょう》にいる人《ひと》や建物《たてもの》はもちろん、空気《くうき》、山《やま》や海《うみ》、すべてのものがふきとび、津波《つなみ》も起《お》きる。その後《ご》、太陽《たいよう》に面《めん》した場所《ばしょ》は最高気温《さいこうきおん》100℃以上《いじょう》、影《かげ》の場所《ばしょ》は最低気温《さいていきおん》マイナス100℃以下《いか》という世界《せかい》になるのだ。

▲急《きゅう》ブレーキをかけると、前《まえ》につんのめり、転《ころ》びそうになる。

地球《ちきゅう》の自転《じてん》がまっすぐだったら？

地球《ちきゅう》は少《すこ》し（およそ23・4度《ど》）かたむきながら自《じ》転《てん》し、1年間《ねんかん》かけて、太陽《たいよう》を1周《しゅう》している。自転軸《じてんじく》がかたむいているため、太陽《たいよう》からうける光《ひかり》の角度《かくど》がかわり、地球《ちきゅう》に季節《きせつ》ができるのだ。

もし自転軸《じてんじく》がまっすぐなら、地球《ちきゅう》に季節《きせつ》はなくなる。昼《ひる》と夜《よる》の長《なが》さも1年中《ねんじゅう》かわらない。暑《あつ》い地域《ちいき》と寒《さむ》い地域《ちいき》で、気温《きおん》の差《さ》が今《いま》よりはげしくなるだろう。

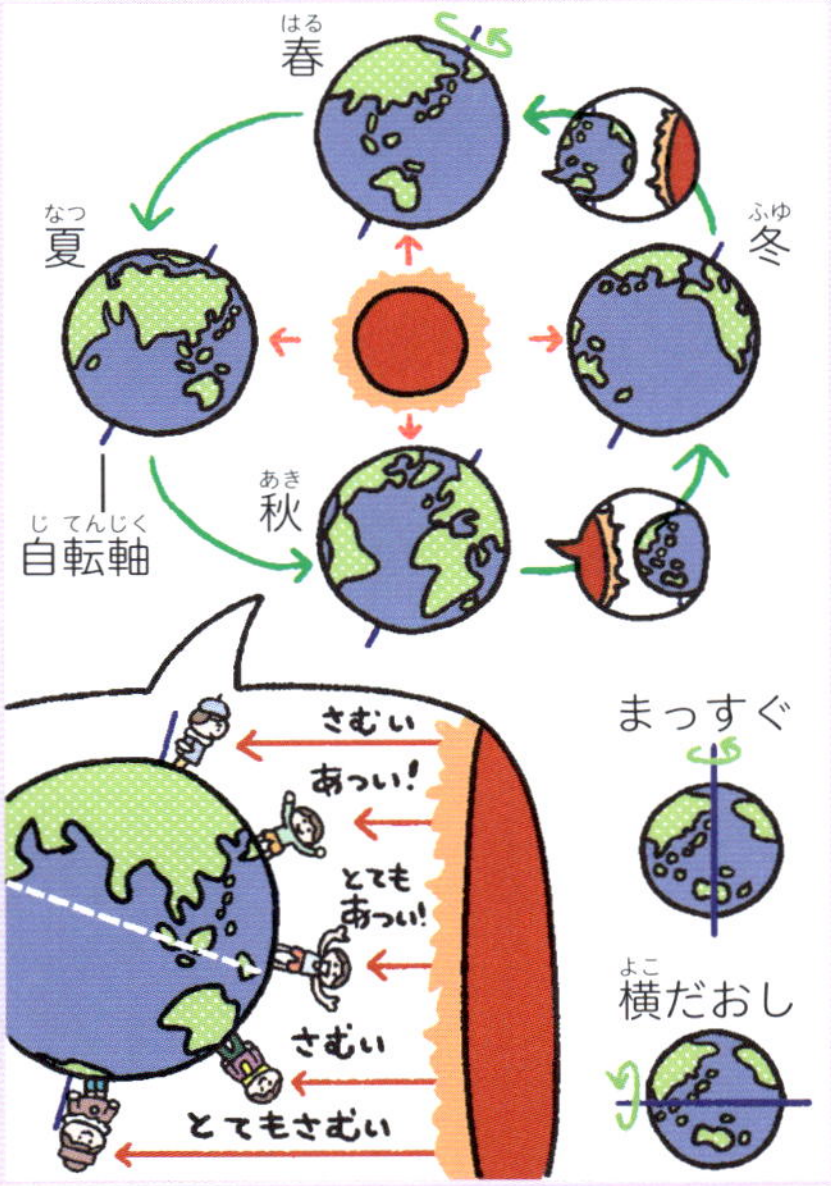

▲地球《ちきゅう》の自転《じてん》と季節《きせつ》の関係《かんけい》※

では、自転軸《じてんじく》が横《よこ》だおし（水平《すいへい》）だったらどうなるだろうか。この場合《ばあい》、北半球《きたはんきゅう》と南半球《みなみはんきゅう》で半年《はんとし》ごとに寒暖《かんだん》がはげしく入《い》れかわることになる。夏《なつ》には片《かた》方《ほう》の極地《きょくち》の氷《こおり》が完全《かんぜん》にとけ、冬《ふゆ》にはまたこおりつく。

このため大《おお》きな洪水《こうずい》など、気象《きしょう》の変化《へんか》による災害《さいがい》が多《おお》くなると予想《よそう》される。日本《にほん》も、夏《なつ》は夜《よる》のないしゃく熱《ねつ》の地《ち》、冬《ふゆ》は太陽《たいよう》がのぼらない極寒《ごっかん》の地《ち》になる。

地球《ちきゅう》の自転《じてん》が止《と》まる日《ひ》……

実《じつ》は、地球《ちきゅう》の自転《じてん》は、少《すこ》しずつおそくなっているという。（34ページ→未来《みらい》の月《つき》）急《きゅう》にぴたっと止《と》まることはないが、ゆるやかにおそくなっている。そのため、1日《にち》は今《いま》よりも長《なが》い時間《じかん》になるはず。ただし、それは気《き》が遠《とお》くなるほど遠《とお》い未来《みらい》の話《はなし》だが……。

※上《うえ》の図《ず》の季節《きせつ》は、北半球《きたはんきゅう》のもの。地球上《ちきゅうじょう》で日本《にほん》がある方《ほう》を北半球《きたはんきゅう》、ブラジルがある反対《はんたい》の方《ほう》を南半球《みなみはんきゅう》といい、日本《にほん》がある北半球《きたはんきゅう》では南半球《みなみはんきゅう》と季節《きせつ》が逆《ぎゃく》になる。

宇宙《うちゅう》
地球《ちきゅう》

もしも case 7

巨大《きょだい》隕石《いんせき》※が地球《ちきゅう》に衝突《しょうとつ》したら？

その隕石《いんせき》の接近《せっきん》が発見《はっけん》されたときには、もう手《て》おくれだった。直径《ちょっけい》10㎞の巨《きょ》大隕石《だいいんせき》が地球《ちきゅう》に落《お》ちてきたのだ。

「にげろ〜！　にげるんだ！」

でも、どこへ？

巨大《きょだい》な火《ひ》の玉《たま》が、見《み》たこともないスピードで空《そら》を切《き》りさいていく。

ピカッ！　はるか上空《じょうくう》まで火柱《ひばしら》があがり、大地《だいち》がはげしくゆれた。その後《ご》、間《ま》をおいてとどいた爆風《ばくふう》は、まわりのものを一瞬《いっしゅん》でふきとばしてしまった。

やがて、地球《ちきゅう》の空全体《そらぜんたい》がまいあがった土煙《つちけむり》におおわれ、地表《ちひょう》には光《ひかり》がとどかなくなった。人類《じんるい》をふくめた多《おお》くの生《い》き物《もの》が絶滅《ぜつめつ》することだろう。

※隕石《いんせき》は本来《ほんらい》、すでに地面《じめん》に落《お》ちているものをさし、落《お》ちてきている瞬間《しゅんかん》のものは「天体《てんたい》」といいますが、ここでは「隕石《いんせき》」という言葉《ことば》を使《つか》っています。

恐竜《きょうりゅう》時代《じだい》に落《お》ちた隕石《いんせき》

メキシコのユカタン半島《はんとう》に、直径《ちょっけい》200㎞ものクレーターがある。およそ6600万年前《まんねんまえ》に落《お》ちた隕石《いんせき》のあとだ。この隕石《いんせき》の衝突《しょうとつ》によって、当時《とうじ》地球《ちきゅう》でくらしていた恐竜《きょうりゅう》をはじめとする8割《わり》以上《いじょう》の生《い》き物《もの》が絶《ぜつ》滅《めつ》したと考《かんが》えられている。

そのときのようすは？

研究《けんきゅう》によると、落《お》ちた隕石《いんせき》の大《おお》きさは直径《ちょっけい》10～15㎞、その衝突《しょうとつ》による衝撃《しょうげき》はマグニチュード10にもなるという。落下地点《らっかちてん》から1000㎞はなれた場所《ばしょ》にいた生《い》き物《もの》も、衝突《しょうとつ》から数十分後《すうじゅっぷんご》には、熱《ねつ》で一瞬《いっしゅん》にしてやかれたのだ。1000㎞というと、東京《とうきょう》から南《みなみ》は鹿児島県《かごしまけん》の屋久島《やくしま》や種子島《たねがしま》、北《きた》は北海道《ほっかいどう》の最北《さいほく》端《たん》にある宗谷岬《そうやみさき》のあたりだから、そのすごさがわかるだろう。

また、衝突《しょうとつ》によって起《お》きた津波《つなみ》の高《たか》さは、最大《さいだい》で300ｍもあったという。

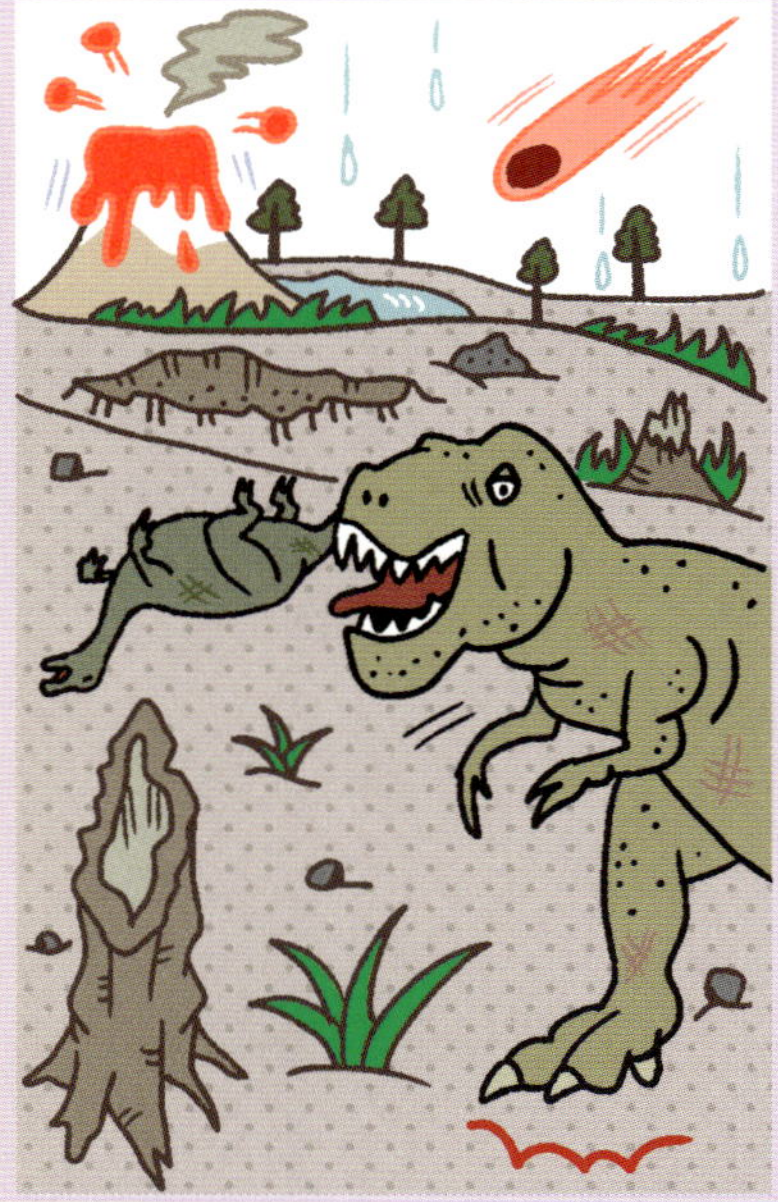

恐竜《きょうりゅう》の絶滅《ぜつめつ》へ

衝突《しょうとつ》の被害《ひがい》が直接《ちょくせつ》およばない地域《ちいき》にも、その影響《えいきょう》は広《ひろ》がっていった。まいあがったちりが、非常《ひじょう》に長《なが》い間空《あいだそら》をおおい、どろまじりの酸性雨《さんせいう》がふるようになったのだ。また、隕石《いんせき》の衝突《しょうとつ》で発生《はっせい》した大量《たいりょう》の二《に》酸化炭素《さんかたんそ》などにより、はげしい温暖化《おんだんか》も起《お》きた。こうした異常気象《いじょうきしょう》が生態系《せいたいけい》のバランスをくずし、多《おお》くの生《い》き物《もの》が絶滅《ぜつめつ》したと考《かんが》えられている。

隕石《いんせき》とは?

宇宙《うちゅう》にある小《ちい》さな岩《いわ》などが、地球《ちきゅう》に落《お》ちてくるとき、ほとんどは大気《たいき》との摩擦《まさつ》でもえてしまう。しかし、およそ1mよりも大《おお》きいものはもえきらず、地表《ちひょう》にとどくものがある。これが隕石《いんせき》だ。

最近《さいきん》の大《おお》きな隕石《いんせき》では、2013年《ねん》にロシアのチェリャビンスク地方《ちほう》に落《お》ちたものがある。直径《ちょっけい》17m、重《おも》さ1万《まん》tほどで、上空《じょうくう》20~25㎞で爆発《ばくはつ》した。これによって、1000人以上《にんいじょう》の負傷者《ふしょうしゃ》がでた。

隕石《いんせき》が落《お》ちてくる可能性《かのうせい》

1年間《ねんかん》に地球《ちきゅう》に落《お》ちてくる隕石《いんせき》の数《かず》は、どのくらいなのだろうか。

地球全体《ちきゅうぜんたい》では、年間平均《ねんかんへいきん》がおよそ40回《かい》ほどだと考《かんが》えられている。その多《おお》くは、海《うみ》や森林《しんりん》、砂漠《さばく》など人《ひと》の少《すく》ないところに落《お》ちているため、確認《かくにん》される隕石《いんせき》は年間《ねんかん》で6個《こ》ほどだそうだ。

最新《さいしん》の研究《けんきゅう》により、地球《ちきゅう》に接近《せっきん》しそうな天体《てんたい》は、ある程度予測《ていどよそく》ができるようになったという。大《おお》きな隕石《いんせき》の落《お》ちる確率《かくりつ》としては、ロシアに落《お》ちた10mをこえるクラスの隕石《いんせき》だと100年《ねん》に1個《こ》ほど。さらに大《おお》きな50mクラスだと1000年《ねん》に1個《こ》、地球《ちきゅう》に大《おお》きな被害《ひがい》を起《お》こす可能性《かのうせい》の高《たか》い1㎞クラス以上《いじょう》になると、100万年《まんねん》に1個《こ》だそうだ。

(写真/いずれもPIXTA)

▲世界一巨大《せかいいちきょだい》なホバ隕石《いんせき》。重《おも》さは60t。(ナミビア共和国《きょうわこく》)

▲隕石《いんせき》が落《お》ちたあと。(アメリカ アリゾナ州《しゅう》/バリンジャー・クレーター)

もしも case 8 富《ふ》士《じ》山《さん》が噴《ふん》火《か》したら？

1週間前《しゅうかんまえ》に、富士山《ふじさん》が噴火《ふんか》した。山《やま》のまわりでは、火口《かこう》からの火砕流《かさいりゅう》に飲《の》みこまれた町《まち》もあった。

タカシの家《いえ》は富士山《ふじさん》から遠《とお》く90㎞ほどはなれた東京《とうきょう》にあるが、火山灰《かざんばい》はここまでとんできており、もう10㎝くらいつもっている場所《ばしょ》もある。

今《いま》なお、ふきだされる火山灰《かざんばい》は、都市《とし》の機能《きのう》を完全《かんぜん》に麻痺《まひ》させた。電気《でんき》、水道《すいどう》が止《と》まり、多《おお》くの道路《どうろ》は使《つか》えない状態《じょうたい》だ。スマホや携帯電話《けいたいでんわ》はつながらず、たよりになるのはラジオの情報《じょうほう》だけ。商店《しょうてん》はしまり、非常用《ひじょうよう》の食料《しょくりょう》もあとわずかだ。首都圏《しゅとけん》の数千万人《すうせんまんにん》の人々《ひとびと》が難民《なんみん》となってしまったのだ。

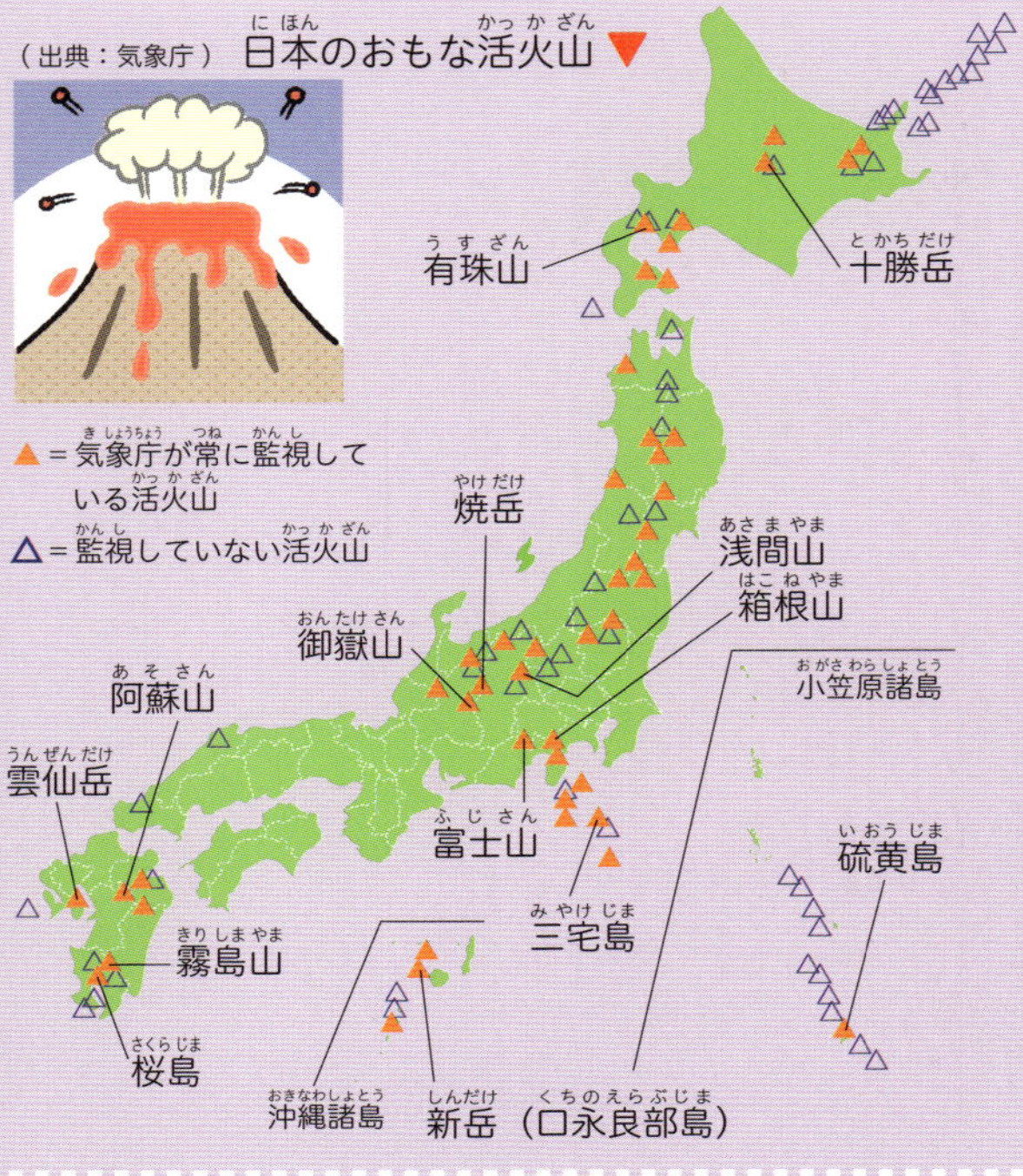

火山《かざん》大国《たいこく》、日本《にほん》

世界《せかい》には、およそ1500の活火山《かっかざん》がある。太平《たいへい》洋《よう》をとりまく地域《ちいき》に多《おお》く、とくに日本《にほん》には世界全体《せかいぜんたい》の7％にあたる110の活火山《かっかざん》があるのだ。世界《せかい》の陸地《りくち》の0.3％にもならない日本《にほん》に、これだけの火山《かざん》があるわけだ。日本《にほん》は火山《かざん》の国《くに》といえるだろう。

どうして火山《かざん》が多《おお》いのか？

地球《ちきゅう》の表面《ひょうめん》は、プレートとよばれるかたい殻《から》のようなものでおおわれてできている。日本《にほん》の周辺《しゅうへん》の地《ち》下《か》は、そのうちの4つがおしあっている場所《ばしょ》にあたる。そのために地震《じしん》が起《お》きやすく、またマグマの活《かっ》動《どう》がさかんで、火山《かざん》ができやすいのだ。

日本《にほん》にある火山《かざん》の今《いま》

もし噴火《ふんか》した場合《ばあい》、社会《しゃかい》に大《おお》きな影響《えいきょう》をあたえる可能性《かのうせい》の高《たか》い50の火山《かざん》が、気象庁《きしょうちょう》によって24時間体《じかんたい》制《せい》で観測《かんそく》されている。噴火《ふんか》の危険度《きけんど》はレベル分《わ》けされ、そのつど公表《こうひょう》される。

2015年《ねん》に鹿児島県《かごしまけん》の口永良部島《くちのえらぶじま》の新岳《しんだけ》が噴火《ふんか》したが、事前《じぜん》に噴火警戒《ふんかけいかい》レベル5の避難指示《ひなんしじ》が出《だ》され、住民《じゅうみん》は無事《ぶじ》だった。同年《どうねん》と翌年《よくとし》の熊本県阿蘇山《くまもとけんあそさん》の噴火《ふんか》では、レベル3の入山規制《にゅうざんきせい》がおこなわれた。

富士山《ふじさん》は大《おお》きな火山《かざん》！

富士山《ふじさん》は、もともと今《いま》の形《かたち》をしていたわけではない。はげしい火山活動《かざんかつどう》を何度《なんど》もくり返《かえ》し、まわりの山々《やまやま》をおおいながら大《おお》きくなっていった山《やま》だ。

今《いま》の富士山《ふじさん》の構造《こうぞう》を、下《した》の断面図《だんめんず》で見《み》るとわかりやすいだろう。

小御岳《こみたけ》火山《かざん》と愛鷹《あしたか》火山《かざん》の間《あいだ》にできた古《こ》富士火山《ふじかざん》が、ふきだした火山灰《かざんばい》や溶岩《ようがん》によって、だんだんと今《いま》のように高《たか》くなり、新富士火山《しんふじかざん》になったというわけだ。

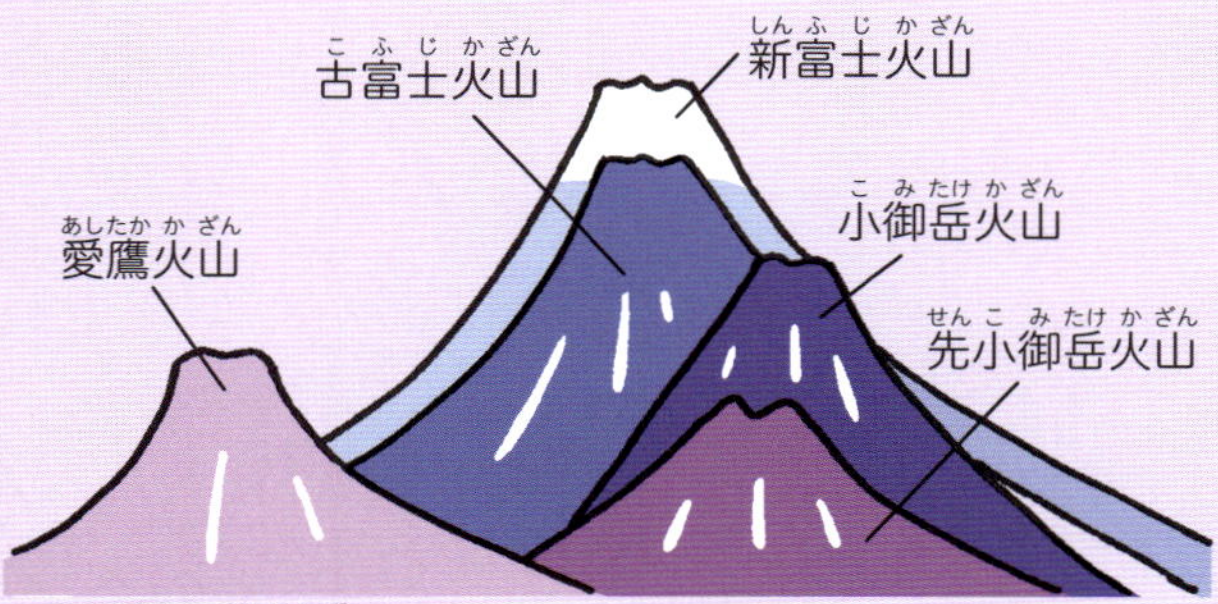

▲富士山《ふじさん》の断面図《だんめんず》

富士山《ふじさん》噴火《ふんか》にそなえる

富士山《ふじさん》が最後《さいご》に噴火《ふんか》したのは、1707年《ねん》、江戸《えど》時代《じだい》のことだ。「宝永《ほうえい》の大噴火《だいふんか》」とよばれ、富士山《ふじさん》の南東中腹《なんとうちゅうふく》にある宝永火口《ほうえいかこう》はこのときできたものだ。遠《とお》い江戸《えど》の町《まち》にも、火山灰《かざんばい》が5㎝ほどふりつもったという記録《きろく》がある。

それから現在《げんざい》まで、富士山《ふじさん》の活動《かつどう》は落《お》ちついている。今《いま》の富士山《ふじさん》の噴火警戒《ふんかけいかい》レベルはもっとも低《ひく》い1だが、万一《まんいち》の事態《じたい》を想定《そうてい》し、火山防災《かざんぼうさい》マップがつくられるなどの対策《たいさく》がなされている。

（写真／PIXTA）

▲鹿児島県《かごしまけん》・桜島《さくらじま》の噴火《ふんか》。

▲長崎県《ながさきけん》・雲仙普賢岳《うんぜんふげんだけ》の噴火《ふんか》で被災《ひさい》した家屋《かおく》。

宇宙《うちゅう》 地球《ちきゅう》

もしも case 9

南極《なんきょく》と北極《ほっきょく》の氷《こおり》がとけたら？

港《みなと》の漁師《りょうし》が、まず気《き》がついた。

「おい、海《うみ》のようすがへんだぞ！」

「津波《つなみ》か！」

ぐんぐんと水《みず》かさはふえていき、海《うみ》は船《ふね》を陸地《りくち》へおしあげた。水《みず》は堤防《ていぼう》をこえ、街《まち》を飲《の》みこんだ。

これは地震《じしん》による津波《つなみ》ではなく、海面《かいめん》の上昇《じょうしょう》が原因《げんいん》だった。極地《きょくち》の氷《こおり》が急激《きゅうげき》にとけ、海水《かいすい》の量《りょう》がふえたのだ。

にげおくれ、海《うみ》に飲《の》みこまれてしまった人《ひと》もいた。助《たす》かった人々《ひとびと》も行《い》き場《ば》をうしなった。街《まち》が水没《すいぼつ》し、もう人《ひと》がくらせる陸地《りくち》はなくなってしまったのだ。

同《おな》じように、世界中《せかいじゅう》でたくさんの街《まち》が海《うみ》のなかに消《き》えてしまった。

地球《ちきゅう》の温暖化《おんだんか》

現在《げんざい》、地球《ちきゅう》の地上平均気温《ちじょうへいきんきおん》は1880〜2012年《ねん》の間《あいだ》で0.85℃も上昇《じょうしょう》しているという。地球《ちきゅう》は温暖化《おんだんか》しているのだ。

温暖化《おんだんか》は、温室効果《おんしつこうか》ガスがふえているのが大《おお》きな原因《げんいん》だ。温室効果《おんしつこうか》ガスとは、太陽《たいよう》からとどいたエネルギーを地表《ちひょう》にとどまらせる性質《せいしつ》を持《も》つ気体《きたい》のことで、二酸化炭素《にさんかたんそ》やメタンがある。これらのおかげで、地球《ちきゅう》の気温《きおん》はあたたかくたもたれているのだが、今《いま》はふえすぎた状態《じょうたい》だ。とくに二酸化炭素《にさんかたんそ》はふえすぎて、温暖化《おんだんか》の最大《さいだい》の原因《げんいん》と考《かんが》えられている。

二酸化炭素《にさんかたんそ》がふえる原因《げんいん》は大《おお》きくふたつある。ひとつは、石油《せきゆ》などの化石燃料《かせきねんりょう》をもやすことによって発生《はっせい》するため。もうひとつは、伐採《ばっさい》などで森林《しんりん》が減少《げんしょう》し、植物《しょくぶつ》に吸収《きゅうしゅう》される量《りょう》がへったためだ。

つまり、どちらも人間《にんげん》の活動《かつどう》が原因《げんいん》なのである。

極地《きょくち》の氷《こおり》がとけている

温暖化《おんだんか》のわかりやすい影響《えいきょう》として、海面《かいめん》の上昇《じょうしょう》がある。とけることのなかった南極《なんきょく》や北極《ほっきょく》に近《ちか》いグリーンランドの氷《こおり》がとけ、海水《かいすい》がふえているのだ。20世紀《せいき》のおよそ100年間《ねんかん》で、海面《かいめん》はおよそ17㎝上昇《じょうしょう》している。このままだと、2100年《ねん》には世界平均《せかいへいきん》で59㎝上昇《じょうしょう》すると予測《よそく》されている。そうなると、東《とう》京《きょう》や大阪《おおさか》などでも、海《うみ》に近《ちか》い地域《ちいき》の多《おお》くが水没《すいぼつ》する可能性《かのうせい》はある。

本来《ほんらい》なら地球《ちきゅう》は寒《さむ》くなる時期《じき》

太陽《たいよう》の活動《かつどう》は、とても長《なが》いスケールで強弱《きょうじゃく》をくり返《かえ》している。地球《ちきゅう》もその影響《えいきょう》を受《う》けており、過去《かこ》にあった氷河期《ひょうがき》も、太陽《たいよう》の活動《かつどう》が原因《げんいん》だ。

実《じつ》は、今《いま》は太陽《たいよう》の活動《かつどう》が弱《よわ》くなっていく時期《じき》にあたる。ところが、温暖化《おんだんか》で気温《きおん》が上《あ》がっているのだ。

このまま温暖化《おんだんか》が進《すす》むと？

温暖化《おんだんか》した世界《せかい》で、起《お》こりうる事態《じたい》を考《かんが》えてみよう。

❶海面《かいめん》が上昇《じょうしょう》して陸地《りくち》がへる。
❷マラリアなど、熱帯性《ねったいせい》の病気《びょうき》が流行《りゅうこう》する。
❸絶滅種《ぜつめつしゅ》がふえ、生態系《せいたいけい》バランスがこわれる。
❹豪雨《ごうう》や干《かん》ばつなど、異常気象《いじょうきしょう》がふえる。
❺深刻《しんこく》な食料危機《しょくりょうきき》が起《お》きる。

これらすべては関係《かんけい》し合《あ》っている。

世界各国《せかいかっこく》は、温暖化防止《おんだんかぼうし》に向《む》けて協議《きょうぎ》をかさね、対策《たいさく》をたてている。しかし、国《くに》によって事情《じじょう》もちがい、なかなか足《あし》なみがそろわないのが現状《げんじょう》だ。

わたしたちも、省《しょう》エネを心《こころ》がける、省《しょう》エネについて調《しら》べてみるなど、個人《こじん》のレベルでできることがあるか考《かんが》えてみよう。

もしも case 10

酸素《さんそ》がなくなったら？

「く、くるしい……」

またひとりくるしそうな顔《かお》をしながら、道《みち》にたおれこんだ。

酸素《さんそ》が、何《なん》らかの原因《げんいん》により空気中《くうきちゅう》からなくなってしまったのだ。

必死《ひっし》に息《いき》をしているものの、それはまったく無意味《むいみ》だ。目的《もくてき》である酸素《さんそ》が体《からだ》に入《はい》ってこないのだから。酸素《さんそ》マスクにも限界《げんかい》がある。やがて、呼吸《こきゅう》するすべての生《い》き物《もの》は、窒息死《ちっそくし》するだろう。

道《みち》にたおれた人々《ひとびと》の皮《ひ》ふを見《み》ると、赤《あか》くただれている。酸素《さんそ》がなくなったため、オゾン層《そう》が消《き》え、太陽《たいよう》からの強《つよ》い紫外線《しがいせん》が地球《ちきゅう》にふりそそいでいるのだ……。

地球《ちきゅう》の空気《くうき》

地球《ちきゅう》の空気《くうき》の成分《せいぶん》をその割合《わりあい》で見《み》てみると、窒素《ちっそ》が78％ともっとも多《おお》く、つづいて21％の酸素《さんそ》になる。このふたつの気体《きたい》でほぼ99％になるわけだ。温暖化《おんだんか》の原因《げんいん》として問題《もんだい》になっている二酸化炭素《にさんかたんそ》は、現在《げんざい》0.04％ほどだ。100年前《ねんまえ》から計算《けいさん》すると、およそ40％もふえている。

酸素《さんそ》はあとからつくられた

およそ46億年前《おくねんまえ》に地球《ちきゅう》が誕生《たんじょう》したとき、大気中《たいきちゅう》に酸素《さんそ》はなかった。やがて地球上《ちきゅうじょう》に誕生《たんじょう》したバクテリアなど初期《しょき》の生《い》き物《もの》が、太陽《たいよう》の光《ひかり》をエネルギー源《げん》に、二酸化炭素《にさんかたんそ》から酸素《さんそ》を少《すこ》しずつ生《う》みだしたのだ。

その後《ご》、植物《しょくぶつ》がふえ、酸素《さんそ》を取《と》りこんで生《い》きる動物《どうぶつ》が地球《ちきゅう》に生《う》まれはじめた。植物《しょくぶつ》がなければ、わたしたち人間《にんげん》も生《う》まれなかったわけだ。

地球《ちきゅう》から酸素《さんそ》がなくなる？

もし酸素《さんそ》がなくなったら……と、心配《しんぱい》になるが、突然《とつぜん》すべての酸素《さんそ》が消《き》えることはないだろう。

しかし、たとえば、急《きゅう》に地上《ちじょう》に日光《にっこう》がとどかなくなり、植物《しょくぶつ》が激減《げきげん》するようなことがあれば、酸素《さんそ》はへっていくかもしれない。わたしたちは呼吸《こきゅう》の他《ほか》、石油《せきゆ》などの化石燃料《かせきねんりょう》をもやすときに大量《たいりょう》に酸素《さんそ》を使《つか》うが、生《う》みだすことはできない。安全上《あんぜんじょう》の限界《げんかい》は、空気中《くうきちゅう》の酸素濃度《さんそのうど》が18％までだといわれる。さらに、8％になってしまうと生《い》きていけないのだ。

▲地球《ちきゅう》に酸素《さんそ》を生《う》み出《だ》したラン藻《そう》（シアノバクテリア）によってつくられた、ストロマトライトという岩《いわ》。今《いま》でも、西《にし》オーストラリアの海岸《かいがん》で生息《せいそく》している。

他《ほか》の惑星《わくせい》にも、酸素《さんそ》はあるのか

酸素《さんそ》は、元素《げんそ》としては、宇宙《うちゅう》のどこにでもある。しかし、酸素《さんそ》の原子《げんし》は他《ほか》の原子《げんし》とむすびつきやすい。たとえば、酸素《さんそ》と水素《すいそ》がむすびついて水《みず》になるなど、他《ほか》の物質《ぶっしつ》（化合物《かごうぶつ》）にかわってしまうのだ。そのため、気体《きたい》の酸素《さんそ》が地球《ちきゅう》のようにたくさんある天体《てんたい》は、今《いま》のところ見《み》つかっていない。

土星《どせい》の衛星《えいせい》であるレアやディオネには、酸素《さんそ》が気《き》体《たい》の形《かたち》で存在《そんざい》することが発見《はっけん》されているが、酸素《さんそ》の濃《こ》さは、地球《ちきゅう》の5兆分《ちょうぶん》の1ほどなのだそうだ。

実《じつ》はこわい!? 酸素《さんそ》

鉄《てつ》がさびるのは、鉄《てつ》の原子《げんし》が酸素《さんそ》の原子《げんし》とむすびついたからだ。このように酸素《さんそ》には、ふれた物質《ぶっしつ》をいためてしまう性質《せいしつ》がある。場合《ばあい》によっては、酸素《さんそ》は危険《きけん》な気体《きたい》ともいえるのだ。

これは生《い》き物《もの》の体《からだ》に対《たい》しても同《おな》じで、細胞《さいぼう》をいためたり、病気《びょうき》の原因《げんいん》になったりもする。

ただし、人間《にんげん》にとって酸素《さんそ》から得《え》られるエネルギーは大《おお》きい。そのため、体内《たいない》に酸素《さんそ》を取《と》り入《い》れて使《つか》い、酸素《さんそ》から受《う》けるダメージにも、強《つよ》い体《からだ》になっている。今《いま》、地球《ちきゅう》でくらす生《い》き物《もの》は、みんな酸素《さんそ》をうまく使《つか》って生《い》きていけるようになっているのだ。

▶さびた鉄《てつ》のくさり

宇宙《うちゅう》
地球《ちきゅう》

もしも
case
11

海《うみ》の水《みず》がなくなったら？

「たしかこのあたりは海《うみ》だったな。」

カラカラにかわいたあれ地《ち》で、水《みず》をさがしながら、老人《ろうじん》はつぶやいた。

「海《うみ》がなくなっても、人《ひと》のくらす場所《ばしょ》がふえるくらいだと思《おも》っていたよ……。」

あるときから、海水《かいすい》がへりはじめ、今《いま》やほとんど干上《ひあ》がってしまったのだ。

「やっぱり海《うみ》は命《いのち》の源《みなもと》なのだ……。」

海《うみ》がなくなってからというもの、雨《あめ》はほとんどふらず、地球《ちきゅう》はあっという間《ま》に砂漠《さばく》の星《ほし》と化《か》してしまった。

多《おお》くの生《い》き物《もの》がほろび、逆《ぎゃく》に見《み》たことのない生《い》き物《もの》を見《み》かけるようになった。

「ああ、のどがかわいた……。」

人類《じんるい》も絶滅寸前《ぜつめつすんぜん》だ。

水《みず》が水《みず》でいられる星《ほし》

地球《ちきゅう》には水《みず》があり、他《ほか》の惑星《わくせい》にはない。地球《ちきゅう》は、太陽《たいよう》との距離《きょり》がちょうどいいため、水《みず》が液体《えきたい》の状態《じょうたい》でいられる、太陽系《たいようけい》でたったひとつの天体《てんたい》なのだ。地球《ちきゅう》よりも太陽《たいよう》に近《ちか》いところにある金星《きんせい》は高温《こうおん》のため、水《みず》が存在《そんざい》していたとしても、すべて水蒸気《すいじょうき》となる。反対《はんたい》に、地球《ちきゅう》より外側《そとがわ》にある火星《かせい》では、低温《ていおん》のため、水《みず》はこおってしまう。

海《うみ》はどうしてできたか

地球《ちきゅう》が誕生《たんじょう》したとき、海《うみ》はまだなかった。はげしくつづく噴火《ふんか》により、地球《ちきゅう》の内部《ないぶ》の二酸化《にさんか》炭素《たんそ》や水蒸気《すいじょうき》がふきだされ（❶）、地球《ちきゅう》をとりまく空気《くうき》となった。その後《ご》、地球《ちきゅう》がひえて、水蒸気《すいじょうき》が雨《あめ》となってふりそそぎ（❷）、地上《ちじょう》にたまっていった。それが海《うみ》のはじまりだ（❸）。そしておよそ38億年前《おくねんまえ》には、今《いま》のような海《うみ》となった。

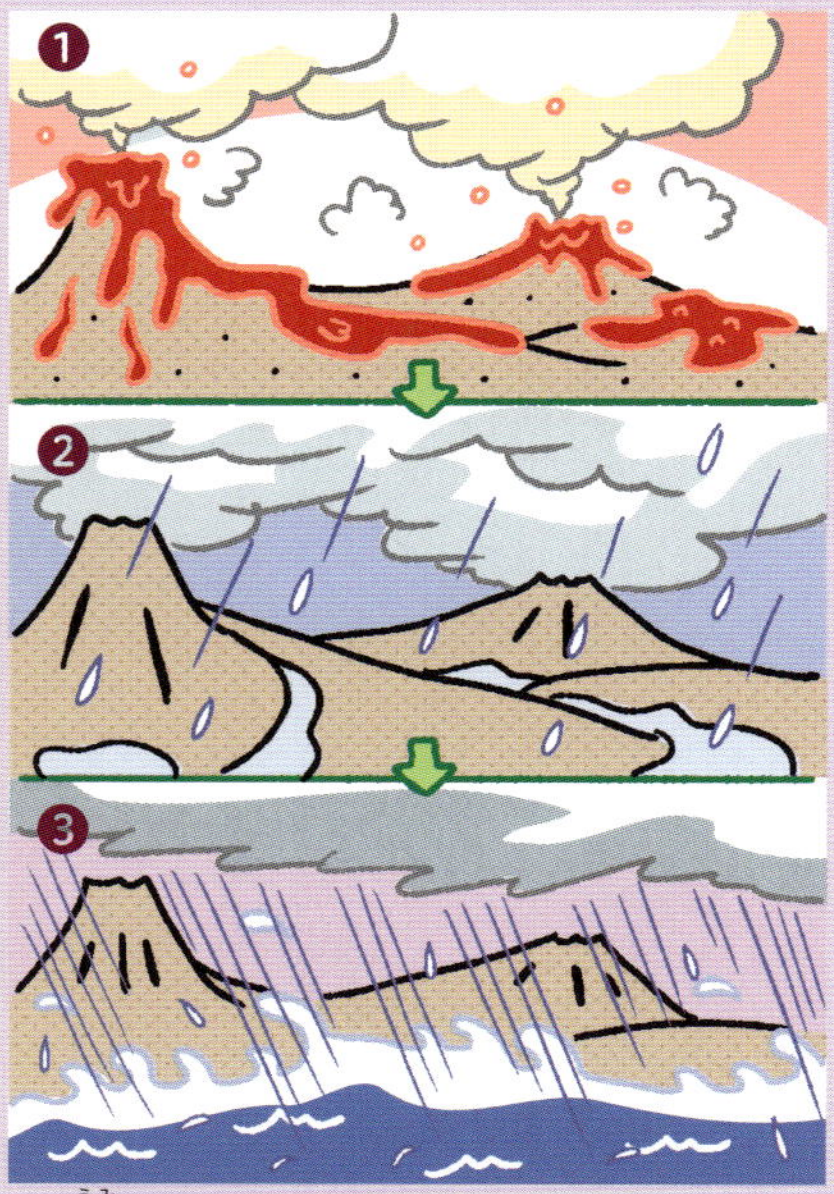

▲海《うみ》ができるまで。

海《うみ》の水《みず》の量《りょう》

地球《ちきゅう》にある水《みず》の量《りょう》を全部合《ぜんぶあ》わせると、14億《おく》km^3（立《りっ》方《ぽう》キロメートル）になる。そのうちの13億《おく》5000万《まん》km^3が海水《かいすい》で、水全体《みずぜんたい》の97％にあたる。つまり地球《ちきゅう》の水《みず》のほとんどは、海水《かいすい》なのだ。また表面積《ひょうめんせき》で見《み》ると、地球表面《ちきゅうひょうめん》の70％が海《うみ》で、陸地《りくち》は30％になる。

海水《かいすい》がなくなる可能性《かのうせい》

地球《ちきゅう》の水《みず》は、水蒸気《すいじょうき》や雨《あめ》など、形《かたち》をかえながら循《じゅん》環《かん》している。つまり海水《かいすい》がすっかりなくなるときは、地球《ちきゅう》から水《みず》がなくなるときだ。

しかし、太陽《たいよう》の活動《かつどう》に大《おお》きな変化《へんか》が起《お》きた場合《ばあい》などはどうだろうか。海水《かいすい》が、金星《きんせい》のように水蒸気《すいじょうき》になるか、火星《かせい》のように氷《こおり》になる……かもしれない。

いずれにしても、そのような水《みず》のない地球《ちきゅう》に人間《にんげん》の姿《すがた》はないはずだ。

まだなぞの多《おお》い海《うみ》

人間《にんげん》にとって身近《みぢか》な存在《そんざい》である海《うみ》だが、深海《しんかい》はいまだにそのほとんどが未知《みち》の世界《せかい》だ。

もっとも深《ふか》い海《うみ》は、太平洋《たいへいよう》の北西《ほくせい》にあるマリアナ海溝《かいこう》だ。そのなかでも、とくに深《ふか》いエリアはチャレンジャー海淵《かいえん》とよばれ、水面《すいめん》から1万《まん》911メートルの深《ふか》さだと考《かんが》えられている。これは、世界一高《せかいいちたか》いヒマラヤ山脈《さんみゃく》のエベレスト山《さん》の高《たか》さよりも深《ふか》い。

人《ひと》を乗《の》せた探査機《たんさき》が、チャレンジャー海淵《かいえん》にまでもぐったことは、数《かぞ》えるほどしかない。かなりの危《き》険《けん》と予算《よさん》が必要《ひつよう》だからだ。そのため、深海《しんかい》の調査《ちょうさ》の多《おお》くは、無人探査機《むじんたんさき》でおこなわれている。また、人《じん》工衛星《こうえいせい》からの測定《そくてい》データをもとに、海底地図《かいていちず》がつくられるなどしている。

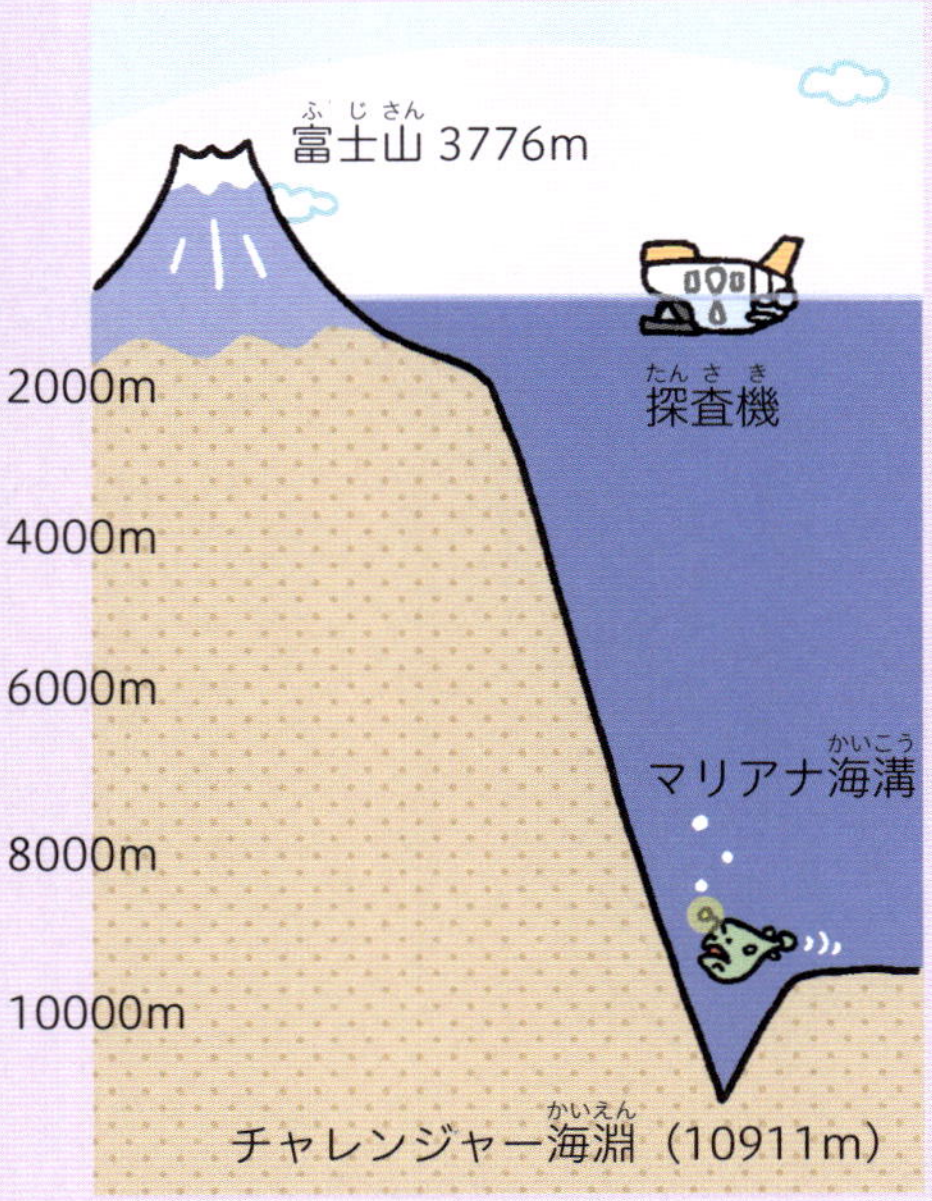

▲ もっとも深《ふか》い海《うみ》、マリアナ海溝《かいこう》。

宇宙《うちゅう》 地球《ちきゅう》

もしも case 12

ふたたび巨《きょ》大《だい》地《じ》震《しん》が起《お》きたら？

地震《じしん》はなぜ起《お》きる？

地表《ちひょう》をささえる地下《ちか》のプレートがずれたとき、プレートがはねあがったとき、その衝撃《しょうげき》が地表《ちひょう》をゆらす。これが地震《じしん》だ。地震《じしん》の大《おお》きさはマグニチュード（M）、ゆれのはげしさは震度《しんど》であらわす。

日本《にほん》は地震《じしん》が多《おお》い国《くに》！

日本《にほん》は地震《じしん》の多《おお》い国《くに》だ。日本《にほん》の地下深《ちかふか》くで、4つのプレートがぶつかりあっているからである。世界《せかい》で発生《はっせい》する地震《じしん》のうち、ほぼ10％が日本《にほん》で起《お》きている。さらにマグニチュード6クラス以上《いじょう》の巨大地震《きょだいじしん》の場合《ばあい》、その割合《わりあい》は20％にもなる。巨大地震《きょだいじしん》の5回《かい》に1回《かい》は、日本《にほん》で起《お》きているのだ。

近年《きんねん》、日本《にほん》で起《お》きたマグニチュード6以上《いじょう》のおもな地震《じしん》の震源《しんげん》。▼

（出典：気象庁／2016年9月末現在）

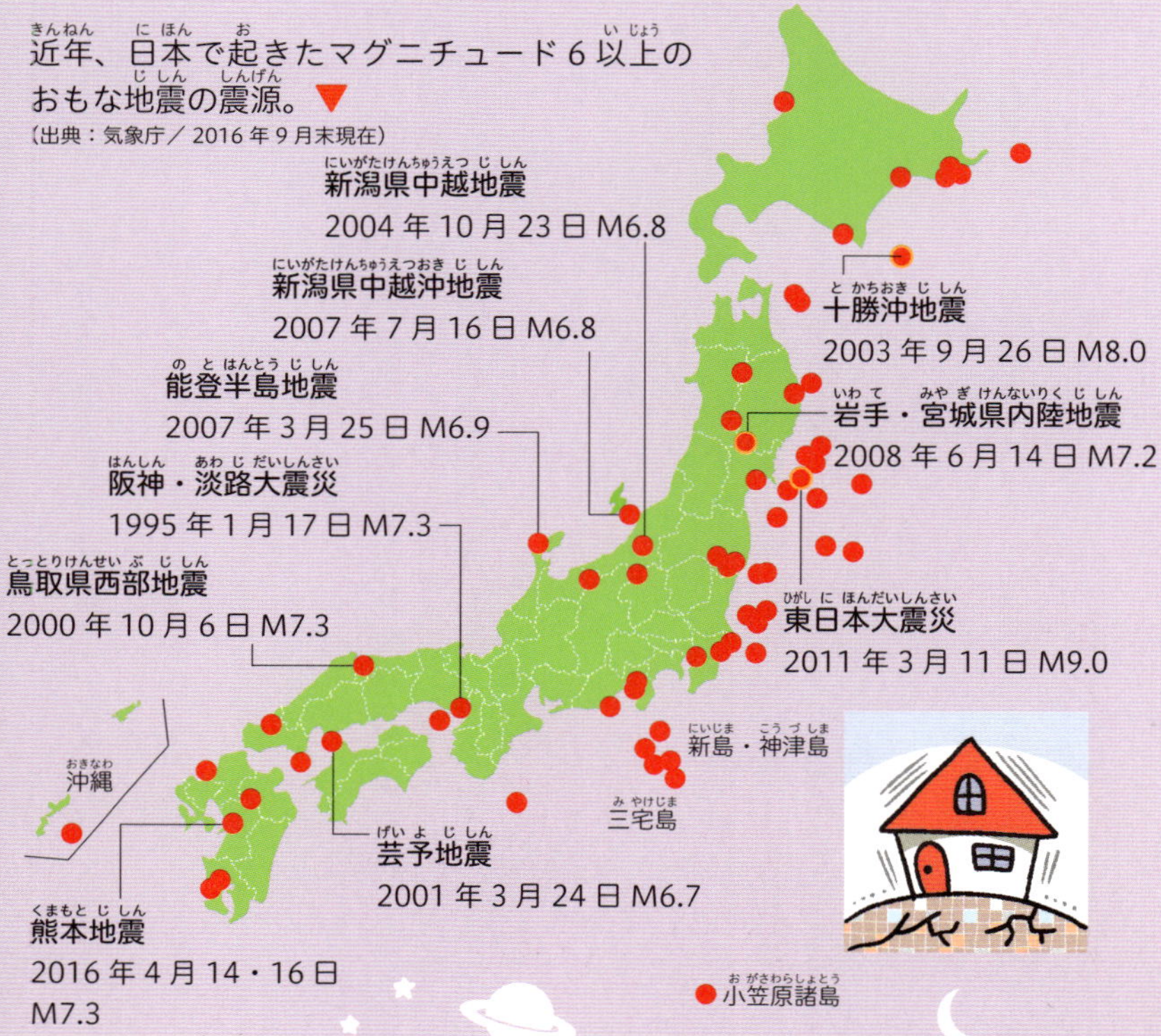

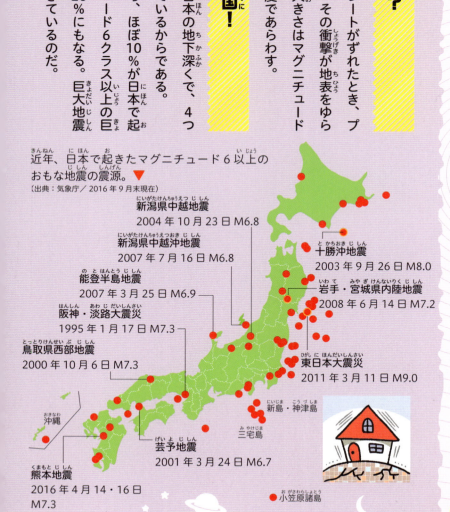

地震《じしん》による被害《ひがい》・二次災害《にじさいがい》

地震《じしん》で起《お》きる被害《ひがい》としては、まず建物《たてもの》などの倒壊《とうかい》や、落下物《らっかぶつ》、土砂《どしゃ》くずれによるものがあげられる。また阪神《はんしん》・淡路大震災《あわじだいしんさい》では、広《ひろ》い範囲《はんい》で同時《どうじ》に発生《はっせい》した火事《かじ》により、被害《ひがい》が拡大《かくだい》した。

東日本大震災《ひがしにほんだいしんさい》では、大《おお》きな津波《つなみ》が発生《はっせい》し、多《おお》くの人命《じんめい》がうしなわれた。福島県《ふくしまけん》の原子力発電所《げんしりょくはつでんしょ》も被災《ひさい》し、放射能汚染《ほうしゃのうおせん》は今《いま》も深刻《しんこく》な問題《もんだい》だ。また首都圏《しゅとけん》の湾岸地域《わんがんちいき》などでは、地盤《じばん》が一時《いちじ》、液体《えきたい》のようになる液状化現象《えきじょうかげんしょう》が起《お》き、たくさんの建物《たてもの》がかたむいた。

巨大地震《きょだいじしん》の起《お》きる可能性《かのうせい》

地震《じしん》の危険度《きけんど》マップ（ハザードマップ）は、地震《じしん》を予測《よそく》し、災害《さいがい》にそなえるためのもの。今後《こんご》30年間《ねんかん》に震度《しんど》6強《きょう》（マグニチュード7程度《ていど》）以上《いじょう》の地震《じしん》の起《お》きる可能性《かのうせい》が、色分《いろわ》けでしめされている。

自分《じぶん》が住《す》んでいる地域《ちいき》の危険度《きけんど》マップは、自治体《じちたい》のホームページなどで見《み》ることができる。チェックしておこう。

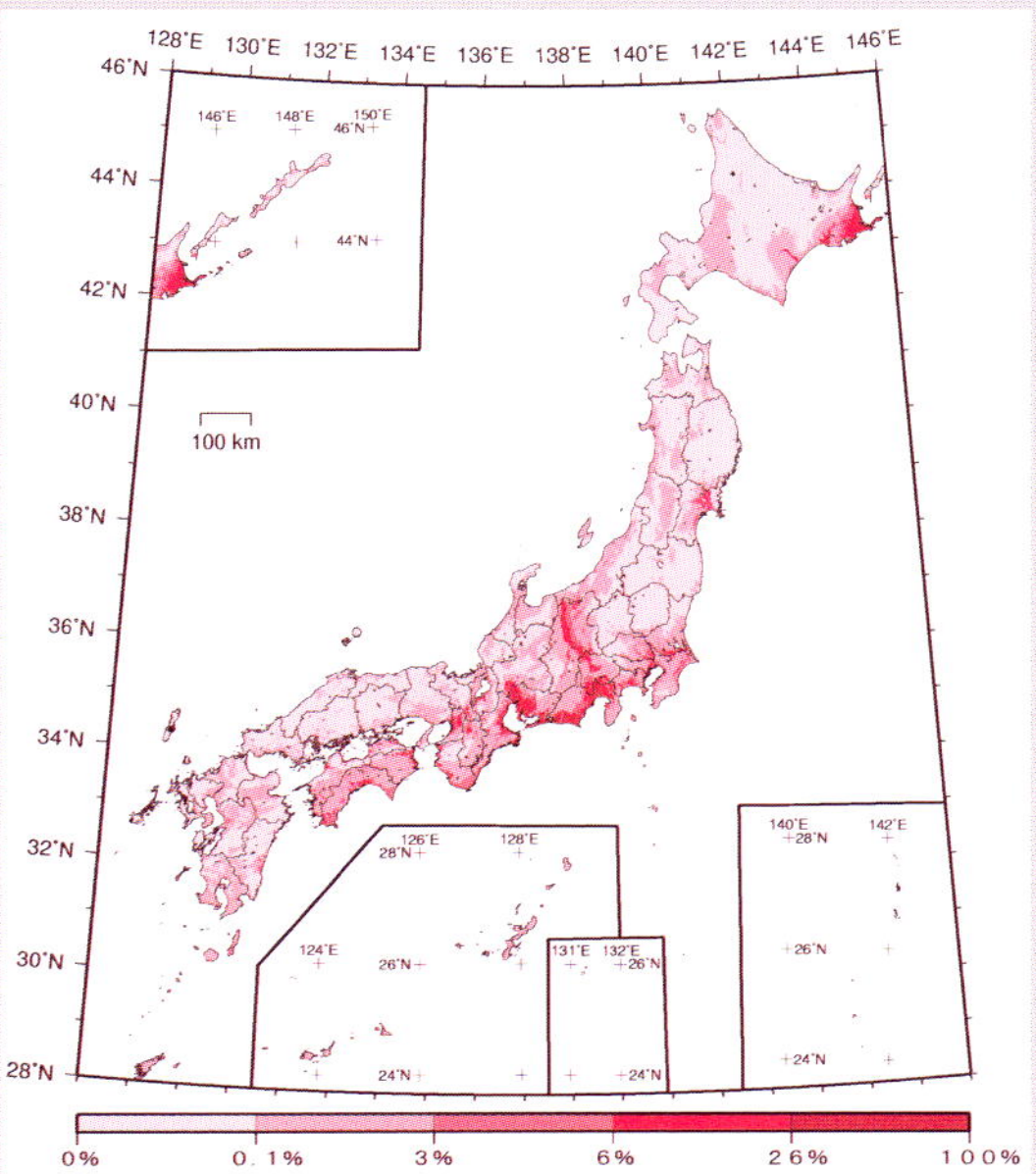

◀今後《こんご》30年間《ねんかん》に震度《しんど》6強《きょう》以上《いじょう》のゆれに見《み》まわれる確率《かくりつ》。赤《あか》の色《いろ》が濃《こ》いほど確率《かくりつ》が高《たか》くなる。

出典：『全国地震動予測地図』2016 年版（地震調査研究推進本部）
(http://www.jishin.go.jp/evaluation/seismic_hazard_map/shm_report/shm_report_2016/)
(2016 年 9 月末現在)

活断層《かつだんそう》と地震《じしん》

地面《じめん》の下《した》の地層《ちそう》や岩《いわ》などに見《み》られるわれ目《め》、ずれを「断層《だんそう》」という。地震《じしん》は断層《だんそう》が動《うご》くことでも起《お》こる。数十万年前《すうじゅうまんねんまえ》からくり返《かえ》し動《うご》いており、これからも動《うご》くと考《かんが》えられる断層《だんそう》を「活断層《かつだんそう》」という。日本《にほん》全国《ぜんこく》には2千以上《せんいじょう》の活断層《かつだんそう》が見《み》つかっているのだ。

図《ず》1

活断層《かつだんそう》プレート
図《ず》1のように、地盤《じばん》がずれている。活断層《かつだんそう》にはいくつかの種類《しゅるい》がある。

▲ 日本《にほん》のおもな活断層《かつだんそう》のおおまかな位置《いち》
出典：『主要活断層帯の長期評価』（地震調査研究推進本部）
（http://www.jishin.go.jp/evaluation/long_term_evaluation/major_active_fault/）

地震《じしん》から身《み》を守《まも》ろう

いつ起《お》きるかわからない地震《じしん》には、ふだんからそなえておくことが大事《だいじ》だ。

- 家具《かぐ》がたおれたり、物《もの》が落《お》ちてこないよう工夫《くふう》。
- 避難用《ひなんよう》のリュックを用意《ようい》。
- 家族《かぞく》で避難場所《ひなんばしょ》などを話《はな》し合《あ》う。

被災《ひさい》したときの方法《ほうほう》や、家《いえ》が使《つか》えない場合《ばあい》の住《す》んでいる地域《ちいき》の避難場所《ひなんばしょ》を確認《かくにん》しておこう。

災害用伝言《さいがいようでんごん》ダイヤル（171）は、非常時《ひじょうじ》におたがいの状況《じょうきょう》を連絡《れんらく》できる有効《ゆうこう》な手段《しゅだん》だ。やりかたをおぼえておくといい。

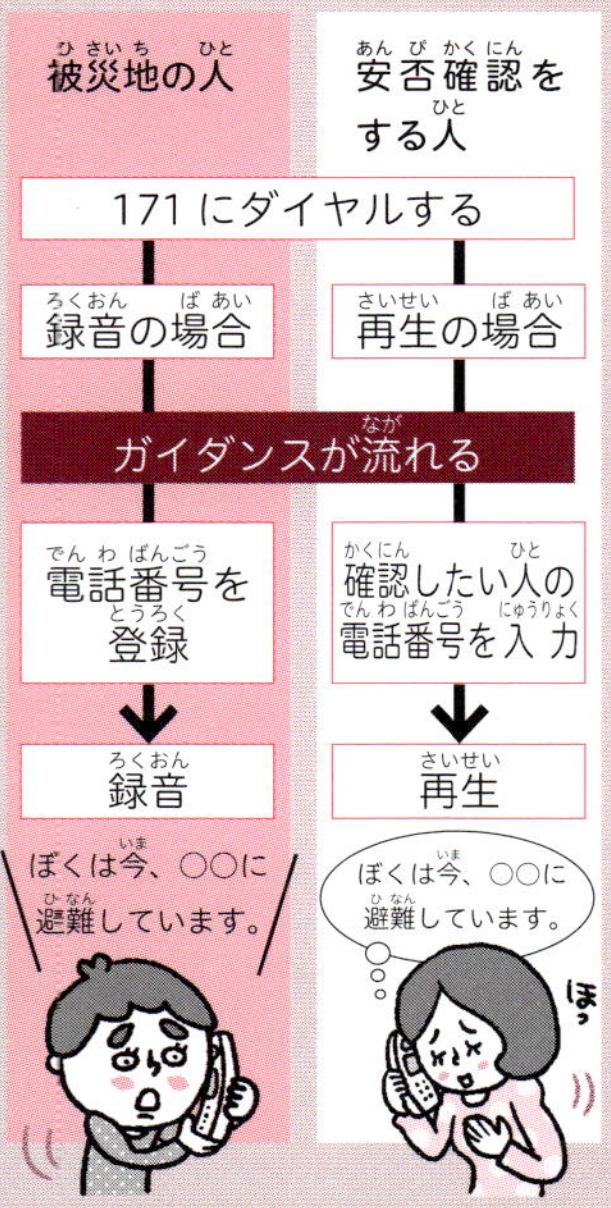

▲ 災害用伝言《さいがいようでんごん》ダイヤル（171）

地震《じしん》が起《お》きたとき、取《と》るべき行動《こうどう》

とにかく、あわてずに行動《こうどう》すること。

もし建物内《たてものない》で地震《じしん》にあったら、じょうぶなテーブルの下《した》などに身《み》をかくそう。たおれてくる家具《かぐ》などから身《み》を守《まも》るためだ。

マンションなどの高層階《こうそうかい》では、家具《かぐ》が大《おお》きく横《よこ》に動《うご》くことがあるので注意《ちゅうい》しよう。

ゆれがおさまったら、ドアや窓《まど》をあけて出口《でぐち》をつくり、とじこめられないようにする。火《ひ》を使《つか》っていたときは消火《しょうか》し、火事《かじ》にならないようにしよう。

外《そと》にいるとき地震《じしん》にあったら、ブロック塀《べい》がたおれてきたり、建物《たてもの》からわれたガラスがふってきたりすることがあるので、広《ひろ》く安全《あんぜん》な場所《ばしょ》へ移動《いどう》しよう。

また、海《うみ》のそばは津波《つなみ》の危険《きけん》がある。急《いそ》いで高《たか》い場所《ばしょ》へ移動《いどう》しよう。

災害時《さいがいじ》にあるといいもの

災害用《さいがいよう》に必要《ひつよう》なものを入《い》れたリュックを用意《ようい》しておくと、いざというときにさっと持《も》ち出《だ》せる。

以下《いか》を基本《きほん》に、自分《じぶん》の家《いえ》の生活《せいかつ》スタイルによって、必要《ひつよう》なものを足《た》していこう。

・長期保存《ちょうきほぞん》できる食料《しょくりょう》と水《みず》・乾電池《かんでんち》
・充電式《じゅうでんしき》のラジオ（手回《てまわ》し、電池式《でんちしき》など）
・着《き》がえ・くつ、またはスリッパ
・カッパ（防寒着《ぼうかんぎ》にもなる）・使《つか》いすてカイロ
・簡易《かんい》トイレ・懐中電灯《かいちゅうでんとう》・救急《きゅうきゅう》セット（常備薬《じょうびやく》も）
・ティッシュペーパー・トイレットペーパー
・ウエットティッシュ・大《おお》きなごみぶくろ
・ビニールぶくろ・ゴム手《て》ぶくろ
・水《みず》を入《い》れる大《おお》きなポリタンクやペットボトル

その他《ほか》、風呂《ふろ》の水《みず》も入《い》れたままにしておくと、水《みず》が出《で》ないときに心強《こころづよ》い。

宇宙《うちゅう》 地球《ちきゅう》

もしも case 13

オゾン層《そう》がなくなったら？

地球《ちきゅう》の命《いのち》を守《まも》る膜《まく》！

オゾンとは、酸素《さんそ》の原子《げんし》が3つ合《あ》わさってできる気体《きたい》だ。オゾン層《そう》は、地上《ちじょう》20㎞以上《いじょう》の成層圏《せいそうけん》に広《ひろ》がっている、オゾンのうすい膜《まく》のことだ。オゾン層《そう》には、太陽《たいよう》からの有害《ゆうがい》な紫外線《しがいせん》を吸収《きゅうしゅう》する作用《さよう》がある。昔《むかし》、地球《ちきゅう》の生《い》き物《もの》が急激《きゅうげき》に発達《はったつ》していったのは、オゾン層《そう》ができてからのことだ。もし今《いま》、オゾン層《そう》がなくなれば、人間《にんげん》はもちろん、地球《ちきゅう》にいる陸上《りくじょう》の生《い》き物《もの》はほぼ死《し》んでしまうだろう。

ところがおそろしいことに、人間《にんげん》の出《だ》したフロンガスなどにより、オゾン層《そう》はかなりこわされてきたのだ。紫外線《しがいせん》により、皮《ひ》ふや目《め》の病気《びょうき》（皮《ひ》ふガンや白内障《はくないしょう》）になる人《ひと》がふえるといわれている。でも、安心《あんしん》してほしい。国連《こくれん》によると、こわされたオゾン層《そう》が少《すこ》しずつ回復《かいふく》してきているそうだ。

▼オゾン層《そう》がなくなると、生《い》き物《もの》は生《い》きていけない。

宇宙《うちゅう》
地球《ちきゅう》

もしも
case
14

石油《せきゆ》などの化石燃料《かせきねんりょう》がなくなったら？

●いつかはやってくる……？

石油《せきゆ》や石炭《せきたん》、天然《てんねん》ガスは「化石燃料《かせきねんりょう》」とよばれる。大昔《おおむかし》の生《い》き物《もの》の死《し》がいから、何億年《なんおくねん》という長《なが》い時間《じかん》をかけてできたものなのだ。

これらがよくもえることを人間《にんげん》が発見《はっけん》し、燃料《ねんりょう》として使《つか》いはじめたのがおよそ数百年前《すうひゃくねんまえ》。今《いま》ではエネルギー源《げん》の9割《わり》以上《いじょう》をしめている。

しかし、このままのペースで化石燃料《かせきねんりょう》を使《つか》いつづけると、もうすぐなくなってしまう状況《じょうきょう》にある。とくに石油《せきゆ》は、あと50年《ねん》ほどで取《と》りつくしてしまうとも予想《よそう》されているのだ。

もしも石油《せきゆ》がなくなったらどうなるだろう？　深刻《しんこく》な電気不足《でんきふそく》になり、ガソリン自動車《じどうしゃ》やディーゼル自動車《じどうしゃ》は使《つか》えなくなるだろう。ペットボトルや衣類《いるい》など、多《おお》くのものに使《つか》われているプラスチックも、石油《せきゆ》からできている。さまざまな物《もの》が不足《ふそく》し、不便《ふべん》な社会《しゃかい》になることはさけられない。

未来《みらい》に向《む》けて、自然《しぜん》の力《ちから》を利用《りよう》する発電方法《はつでんほうほう》や、新《あたら》しいエネルギー源《げん》の研究《けんきゅう》が進《すす》められている。それとともに、今《いま》ある資源《しげん》を再利用《さいりよう》するリサイクル活動《かつどう》も重要《じゅうよう》になっているのだ。

（写真／PIXTA）

▲石油《せきゆ》をくみ上《あ》げる海洋《かいよう》プラットフォーム。

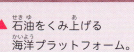

宇宙《うちゅう》
地球《ちきゅう》

もしも case 15

飛《ひ》行《こう》機《き》で宇《う》宙《ちゅう》に行《い》けたら？

●宇宙《うちゅう》を目指《めざ》すスペースプレーン

ふつうの飛行機《ひこうき》は、そのまま宇宙《うちゅう》へは行《い》けない。飛行機《ひこうき》のジェットエンジンは、空気《くうき》を取《と》りこんで燃《ねん》料《りょう》と一緒《いっしょ》にもやし、空気《くうき》をはき出《だ》した反動《はんどう》で進《すす》むので、空気《くうき》のうすい場所《ばしょ》では動《うご》かなくなるのだ。

現在《げんざい》、宇宙《うちゅう》への打《う》ち上《あ》げにはロケットエンジンが使《つか》われている。しかしロケットエンジンは、ふつうは1回《かい》きりの使《つか》いすてになってしまう。打《う》ちあげ時《じ》期《き》の制限《せいげん》などもあり、準備《じゅんび》もたいへんなのだ。

そのため研究《けんきゅう》が進《すす》められているのが、スペースプレーンだ。高出力《こうしゅつりょく》のとくべつなエンジンを持《も》ち、自《じ》由《ゆう》に滑走路《かっそうろ》から離陸《りりく》し、宇宙《うちゅう》の高《たか》さまで行《い》き、また地上《ちじょう》へもどる、何度《なんど》もとびたてる飛行機《ひこうき》だ。

スペースプレーンには種類《しゅるい》がいろいろある。

- ●エンジンを地球《ちきゅう》と宇宙《うちゅう》で切りかえられるタイプ
- ●上空《じょうくう》で母船《ぼせん》から宇宙機《うちゅうき》を発射《はっしゃ》する2段式《だんしき》のタイプ
- ●人工衛星《じんこうえいせい》などを軌道《きどう》の高度《こうど》までとどけるタイプ

いくつもの国《くに》や団体《だんたい》が開発《かいはつ》に取《と》り組《く》んでおり、実《じつ》現《げん》が期待《きたい》されている。

宇宙《うちゅう》
地球《ちきゅう》

もしも case 16

宇宙《うちゅう》エレベーターができたら？

●宇宙時代《うちゅうじだい》への入《い》り口《ぐち》！

宇宙《うちゅう》エレベーターは、地球《ちきゅう》の自転《じてん》と同《おな》じスピードで赤道上《せきどうじょう》をまわる静止衛星《せいしえいせい》と地上《ちじょう》をケーブルでつなぎ、人《ひと》や物《もの》を運《はこ》ぼうというものだ。問題《もんだい》は、ケーブルに鉄《てつ》の100倍《ばい》もの強《つよ》さが必要《ひつよう》なことだが、新《あたら》しく見《み》つかったカーボンナノチューブという材料《ざいりょう》を使《つか》えば実現《じつげん》できると期待《きたい》されており、開発《かいはつ》が進《すす》められているところだ。

宇宙《うちゅう》エレベーターができれば、ロケットを使《つか》うより、安《やす》く、しかも安全《あんぜん》に宇宙《うちゅう》へ行《い》くことができるようになる。そして特別《とくべつ》な訓練《くんれん》をうけていない一般《いっぱん》の人々《ひとびと》も、宇宙旅行《うちゅうりょこう》ができるようになるのだ。

また宇宙《うちゅう》エレベーターは、さらに遠《とお》くの宇宙《うちゅう》への中継基地《ちゅうけいきち》としても使《つか》えるはずだ。地上《ちじょう》からではなく、そこから探査機《たんさき》をとばす……などが考《かんが》えられる。宇宙開発《うちゅうかいはつ》を大《おお》きく発展《はってん》させる力《ちから》になるだろう。

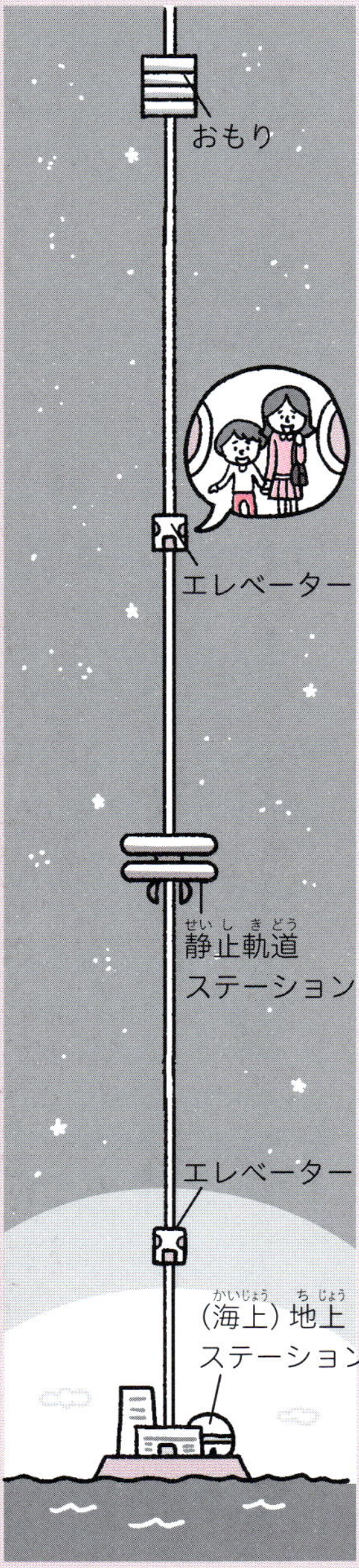

▲宇宙《うちゅう》エレベーターで、気軽《きがる》に宇宙《うちゅう》にいけるかも!?

宇宙《うちゅう》 地球《ちきゅう》

もしも case 17

昼間《ひるま》に星《ほし》が見《み》えたら？

なぜ夜《よる》だけ星《ほし》が見《み》えるのか

実《じつ》は、昼間《ひるま》でも空《そら》には星《ほし》がある。しかし太陽《たいよう》の光《ひかり》によって空《そら》が明《あか》るくなるため、昼間《ひるま》は地上《ちじょう》から星《ほし》が見《み》えなくなるのだ。

もし、星々《ほしぼし》の光《ひかり》がもっと強《つよ》ければ、昼《ひる》の月《つき》や、日《ひ》の出《で》・日《ひ》の入《い》りのときの金星《きんせい》のように、昼間《ひるま》でも見《み》ることができるだろう。そうなると、星《ほし》の位置《いち》を利《り》用《よう》した航海術《こうかいじゅつ》などが、さらに発達《はったつ》するにちがいない。

星々《ほしぼし》の光《ひかり》が強《つよ》くなったとしても、それらは、はるか遠《とお》くの星々《ほしぼし》なので地球《ちきゅう》には影響《えいきょう》はない。

なお、高性能《こうせいのう》の望遠鏡《ぼうえんきょう》を使《つか》えば、今《いま》でも昼間《ひるま》に明《あか》るい恒星《こうせい》や惑星《わくせい》を見《み》ることができる。このとき見《み》えるのは、夜《よる》に見《み》える星《ほし》とは反対《はんたい》の季節《きせつ》のものだ。

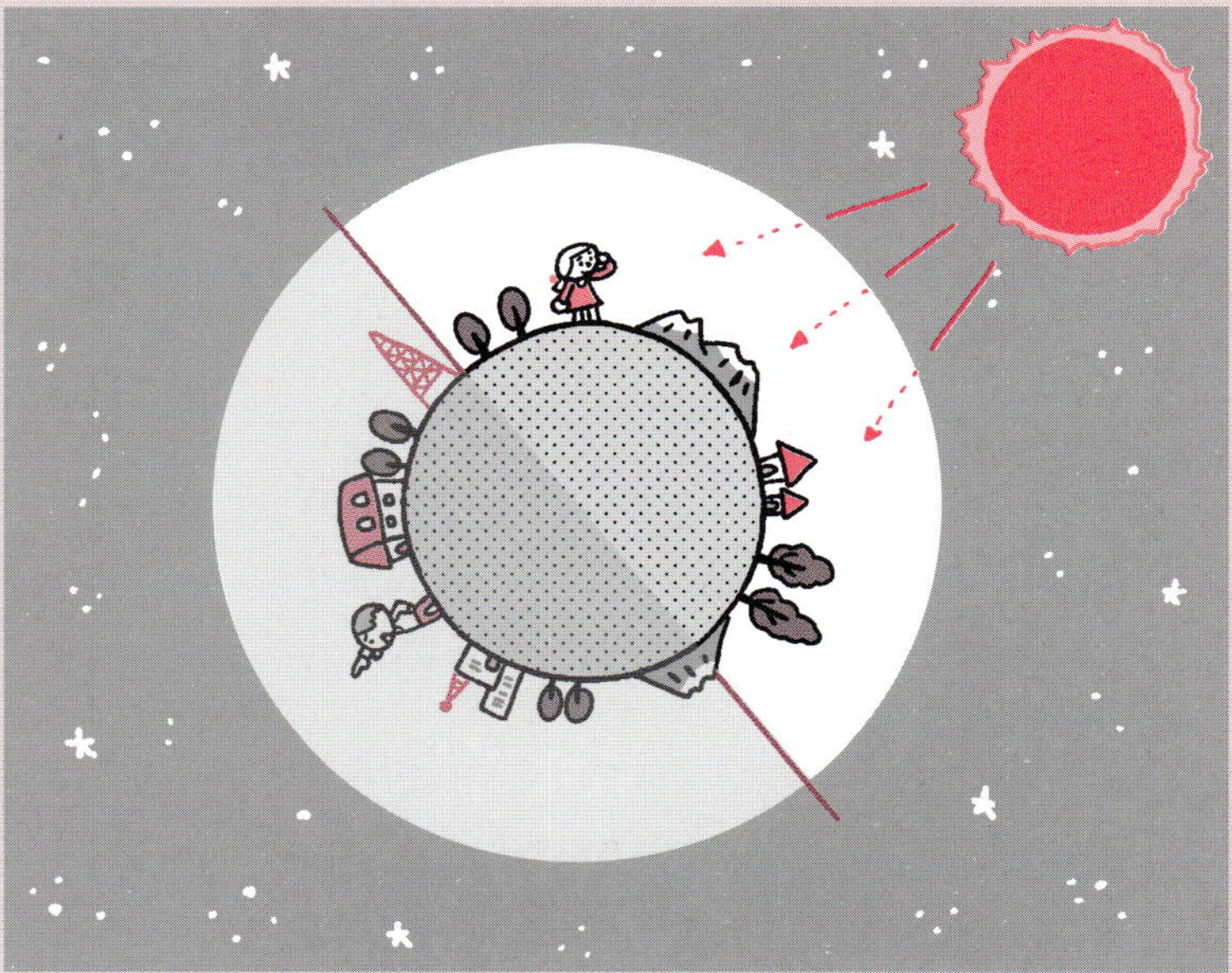

▲昼《ひる》でも夜《よる》でも、地球《ちきゅう》のまわりには星《ほし》がかがやいている。

宇宙《うちゅう》 地球《ちきゅう》

もしも case 18

パラレルワールドがあったら？

● パラレルワールドって？

「あのとき、AではなくBをえらんでいたらどうなっただろうか？」

誰《だれ》もが思《おも》うことだが、このときBをえらんだ世界《せかい》が、Aをえらんだ今《いま》の世界《せかい》と平行《へいこう》してどこかにあるかもしれない……それがパラレルワールドだ。

パラレルワールドはかぎりがなく、今《いま》この瞬間《しゅんかん》にもふえていて、それぞれの世界《せかい》があるのだ。

パラレルワールドは、想像《そうぞう》の世界《せかい》でしかないのだろうか。実《じつ》は、量子力学《りょうしりきがく》、理論物理学《りろんぶつりがく》など科学的《かがくてき》にも研究《けんきゅう》がされており、本当《ほんとう》にある可能性《かのうせい》もあるのだという。

もしパラレルワールドに行《い》けたら、そこはどんな世界《せかい》なのだろう？

家族《かぞく》との記憶《きおく》がくいちがっていたり、らんぼうな子《こ》がやさしかったり、他《ほか》の学校《がっこう》に通《かよ》っていたり……。きっと今《いま》の世界《せかい》とよく似《に》ているが、何《なに》かが少《すこ》しずつちがっていることだろう。

もしも 修学旅行《しゅうがくりょこう》の行《い》き先《さき》が宇宙《うちゅう》になったら？

世界中《せかいじゅう》で宇宙研究《うちゅうけんきゅう》が進《すす》み、宇宙旅行《うちゅうりょこう》へ行《い》ける可能《かのう》性《せい》も高《たか》くなってきた。もしも、修学旅行《しゅうがくりょこう》の行《い》き先《さき》が宇宙《うちゅう》になったらどうだろうか？

飛行機《ひこうき》のスペースプレーンで行《い》くのか、それとも宇宙《うちゅう》エレベーターで行《い》くのだろうか。

スペースプレーンだとしたら、修学旅行《しゅうがくりょこう》に合《あ》わせて飛行訓練《ひこうくんれん》をしなくてはいけない。未来《みらい》のスペースプレーンであれば、そのまま遠《とお》くの月《つき》や火星《かせい》におり立《た》つことができるかもしれない。宇宙《うちゅう》エレベーターだとしたら気軽《きがる》に行《い》けそうだが、月《つき》や火星《かせい》までエレベーターにのったまま行《い》くことはできない。ステーションで宇宙船《うちゅうせん》にのりかえて、遠《とお》くの天体《てんたい》に出《で》かけよう。そのころにはきっと、宇宙《うちゅう》まんじゅうや宇宙《うちゅう》ソフトがあって、宇宙《うちゅう》で記念《きねん》さつえいなんてこともできるかもしれない。

もしも 水《みず》がこおらない性質《せいしつ》だったら？

水《みず》は、気体《きたい》（水蒸気《すいじょうき》）・液体《えきたい》（水《みず》）・個体《こたい》（氷《こおり》）に変化《へんか》する性質《せいしつ》がある。もしも、水《みず》がこおらない性質《せいしつ》

だったら、どうなるのだろうか。

つららや霜柱《しもばしら》はできないし、冬《ふゆ》の楽《たの》しみ、スケートやスキーもできなくなる。もちろん、暑《あつ》い夏《なつ》にジュースに氷《こおり》を入《い》れることもできないし、かき氷《ごおり》も食《た》べられない。

それから、冬《ふゆ》に雪《ゆき》がふることはなくなるだろう。南極《なんきょく》と北極《ほっきょく》の氷《こおり》がとけ、氷《こおり》の上《うえ》にすむシロクマやコウテイペンギンはすみかをうしなう。ただし、そもそも水《みず》がこおらない性質《せいしつ》ならば、それらの動物《どうぶつ》は今《いま》のような生《い》き物《もの》ではなかったかもしれない……。

もしも……海水《かいすい》が真水《まみず》になったら？

水《みず》のなかでくらす生《い》き物《もの》には、海水《かいすい》でしかくらせないもの、真水《まみず》でしかくらせないものがいる。

もしも、海水《かいすい》がすべて真水《まみず》になったら、海《うみ》の生《い》き物《もの》は全滅《ぜんめつ》するだろう。もしかしたら、かろうじて生《い》きのびるものもいるかもしれないが、ほんのわずかなはずだ。そうなると、海《うみ》の幸《さち》は食《た》べられなくなる。現在《げんざい》、塩《しお》の4分《ぶん》の1は海水《かいすい》からつくられているので、塩《しお》の生産量《せいさんりょう》もへるだろう。そして、海《うみ》の生《い》き物《もの》は、かろうじて水族館《すいぞくかん》で見《み》られるめずらしい生《い》き物《もの》になってしまうかもしれない。

逆《ぎゃく》に、よいこととしては、飲《の》み水《みず》にこまることはなくなる、ということだろうか。

もしも……宇宙《うちゅう》でおしっこがしたくなったら？

宇宙船内《うちゅうせんない》は無重力《むじゅうりょく》なので、おしっこをすると粒《つぶ》になったおしっこがちらばり、たいへんなことになる。そこでトイレは吸引式《きゅういんしき》になっている。

おしっこは、冷却用《れいきゃくよう》の水《みず》とあわせてろ過《か》し、飲料《いんりょう》水《すい》としてリサイクルされることもある。うんちは地《ち》球《きゅう》から物資《ぶっし》を運《はこ》んだ宇宙船《うちゅうせん》に乗《の》せ、大気圏《たいきけん》へ突入《とつにゅう》させてもやしてしまうのだ。

宇宙服《うちゅうふく》を着《き》た船外《せんがい》での活動中《かつどうちゅう》は、もちろん服《ふく》をぬぐことはできない。それに宇宙服《うちゅうふく》は、着《き》たりぬいだりするのにとても時間《じかん》がかかる。そのため、宇宙飛《うちゅうひ》行士《こうし》は紙《かみ》おむつをして活動《かつどう》しているという。

もしも、誰《だれ》でも宇宙旅行《うちゅうりょこう》ができるようになったら、どうなるのだろうか。そのときには、もっといい方《ほう》法《ほう》ができていることをねがおう。

もしも……人工衛星《じんこうえいせい》がこわれたら？

完全《かんぜん》にこわれたり、役目《やくめ》を終《お》えた人工衛星《じんこうえいせい》は、そのまま宇宙《うちゅう》ゴミ（スペースデブリ）となる。

宇宙《うちゅう》ゴミは、爆発《ばくはつ》でできたちりのようなものから、数《すう》mもある人工衛星本体《じんこうえいせいほんたい》まで大小《だいしょう》さまざまだ。その数《かず》は確認《かくにん》できている大《おお》きなものが1万数千個《まんすうせんこ》、確認《かくにん》できていない小《ちい》さなものは無数《むすう》にあることだろう。

これらの多《おお》くは、秒速《びょうそく》8㎞ほどのスピードで地球《ちきゅう》のまわりをまわっている。動《うご》いている人工衛星《じんこうえいせい》にひがいをあたえるなど、問題《もんだい》になっており、回収《かいしゅう》や除去《じょきょ》する方法《ほうほう》が研究《けんきゅう》されているのだ。

第《だい》2章《しょう》 生《い》き物《もの》のもしも……

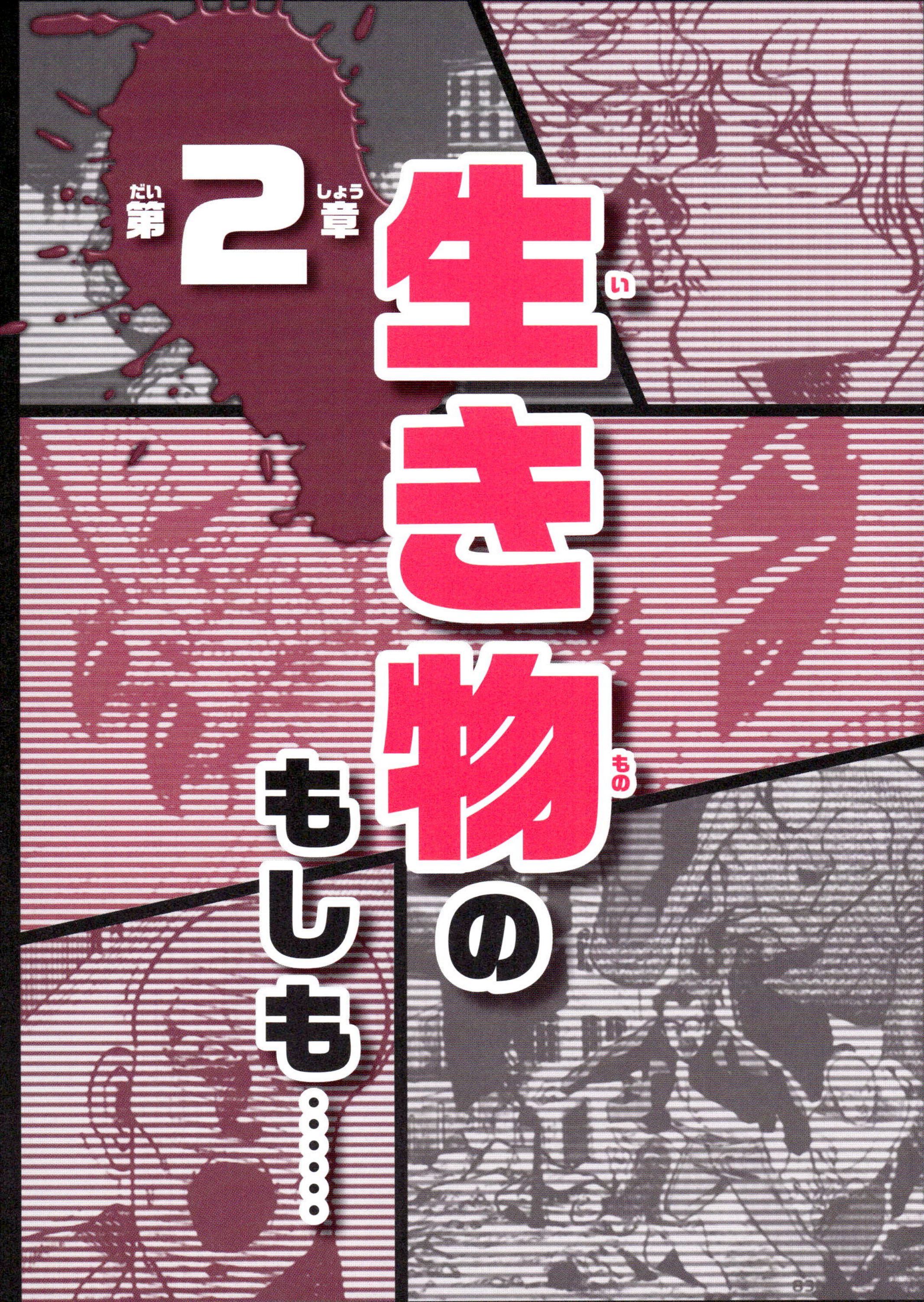

もしも
case
1

恐竜《きょうりゅう》がよみがえるとしたら？

マンガ／十川

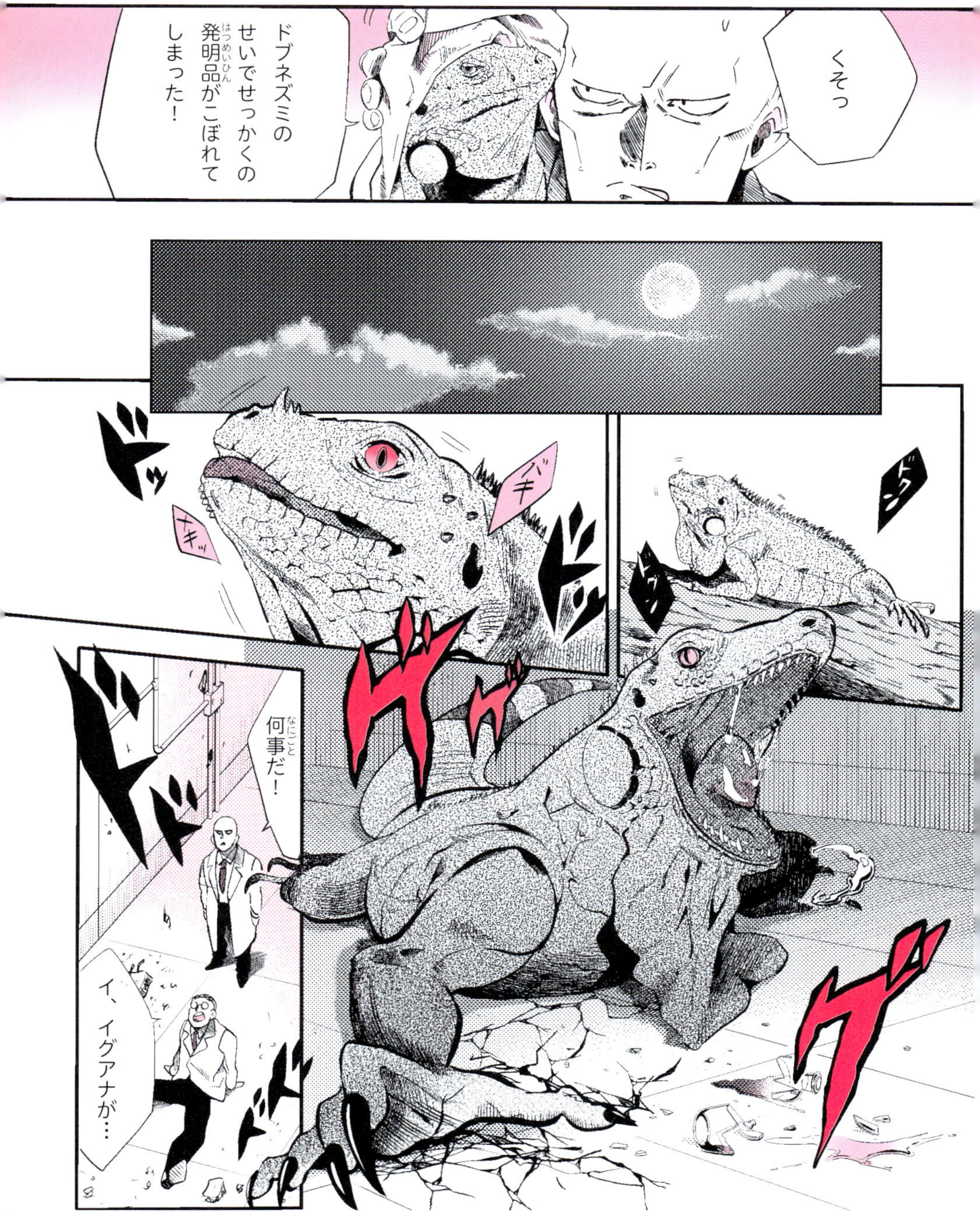
くそっ
ドブネズミのせいでせっかくの発明品《はつめいひん》がこぼれてしまった!
バキ
メキッ
何事《なにごと》だ!
イ、イグアナが…

そんな……バカな……!
まさかこんなことが……!
バ
ギャ
ギャッ
ぐわぁあぁあっ!!
もう帰ろう
歩《ある》きつかれた
まてよ
この辺《へん》にレアなモンスターが……
何《なん》かへんな虫《むし》いそう
ゆれた?
ズ…
う、うん…
ズンッ
ズ
バキッ
ズシン

ズ
20××年《ねん》
はじまりはアメリカの
××××州《しゅう》
突然変異《とつぜんへんい》で巨大化《きょだいか》した
イグアナはえさを
もとめて人々《ひとびと》をおそい
街《まち》をこわしていった
N
C
N-H

かならず命中《めいちゅう》させるんだ、いいな!!
はっ
ミサイルがきかないだと!? なぜだ!!
そんなことがあるわけがない!!
どんな手段《しゅだん》を使《つか》ってでもころせ!
皮《ひ》ふが強《つよ》く打《う》つ手《て》がないのです……
アメリカ大統領《だいとうりょう》
それから……もうひとつ気《き》がかりなことがありまして
これを
!
何《なん》だこれは

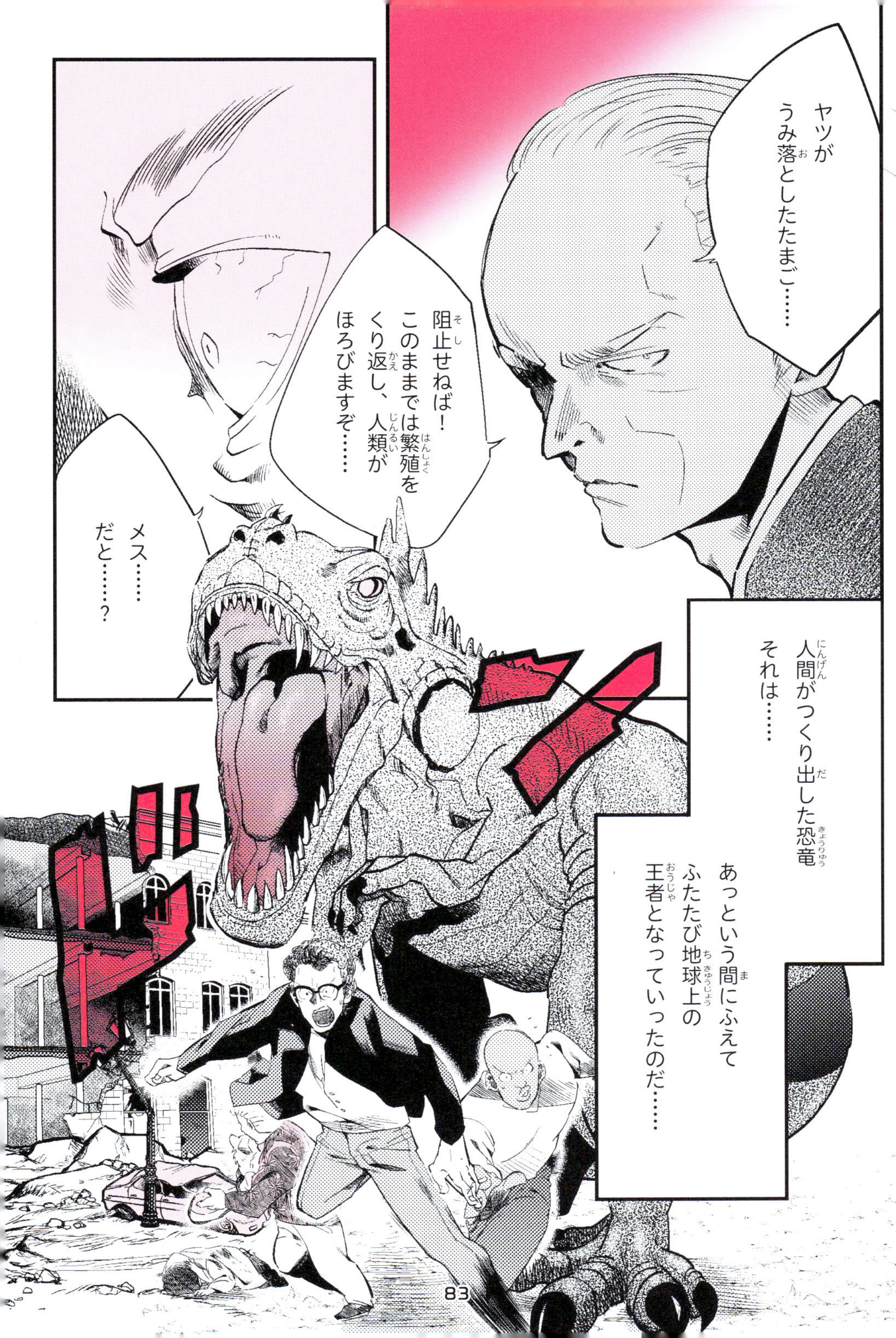
ヤツが うみ落《お》としたたまご……
阻止《そし》せねば! このままでは繁殖《はんしょく》をくり返《かえ》し、人類《じんるい》がほろびますぞ……
メス……だと……?
それは…… 人間《にんげん》がつくり出《だ》した恐竜《きょうりゅう》
あっという間《ま》にふえて ふたたび地球上《ちきゅうじょう》の 王者《おうじゃ》となっていったのだ……

● 恐竜《きょうりゅう》がいたことがわかる理由《りゆう》

恐竜《きょうりゅう》たちが生《い》きていたのは、今《いま》からおよそ2億《おく》5000万年《まんねん》も前《まえ》。なぜ、はるか遠《とお》い時代《じだい》に恐竜《きょうりゅう》がいたことがわかるのかというと、世界中《せかいじゅう》で化石《かせき》が発見《はっけん》されているからだ。世界《せかい》ではじめて恐竜《きょうりゅう》の化石《かせき》が発見《はっけん》されたのがいつかわかっていないが、数千年前《すうせんねんまえ》には、恐竜《きょうりゅう》のたまごや骨《ほね》の化石《かせき》を使《つか》ったかざりがあったという。

化石《かせき》というのは、生《い》き物《もの》がすなやどろのなかで、長《なが》い年月《ねんげつ》をかけてかたまっていったもの。博物館《はくぶつかん》などに行《い》くと、大《おお》きな骨《ほね》の化石《かせき》や模型《もけい》を見《み》ることができるだろう。

ふつう、恐竜《きょうりゅう》の骨《ほね》が化石《かせき》としてのこることが多《おお》いが、巣《す》やたまご、うんち、歯《は》、つめ、足《あし》あと、皮《ひ》ふのあとなども化石《かせき》として見《み》つかることがある。これらの化石《かせき》を調《しら》べることで、恐竜《きょうりゅう》がどんな姿《すがた》をして、何《なに》を食《た》べ、どんなふうに生《い》きていたのかがわかるのだ。

たとえば、骨《ほね》の化石《かせき》からは、体《からだ》の大《おお》きさやどんな体《からだ》つきだったかがわかる。歯《は》の化石《かせき》ならば、その恐《きょう》竜《りゅう》がどんなものを食《た》べていたかがわかる。恐竜《きょうりゅう》の化《か》石《せき》と一緒《いっしょ》に植物《しょくぶつ》の化石《かせき》が見《み》つかれば、くらしていた場所《ばしょ》が森《もり》か草原《そうげん》か、どんな場所《ばしょ》だったかがわかる。

新《あら》たな化石《かせき》が見《み》つかることで、恐竜《きょうりゅう》が生《い》きていた証拠《しょうこ》がひとつふえ、だんだんとその実態《じったい》がとき明《あ》かされていくのだ。

（写真／PIXTA）

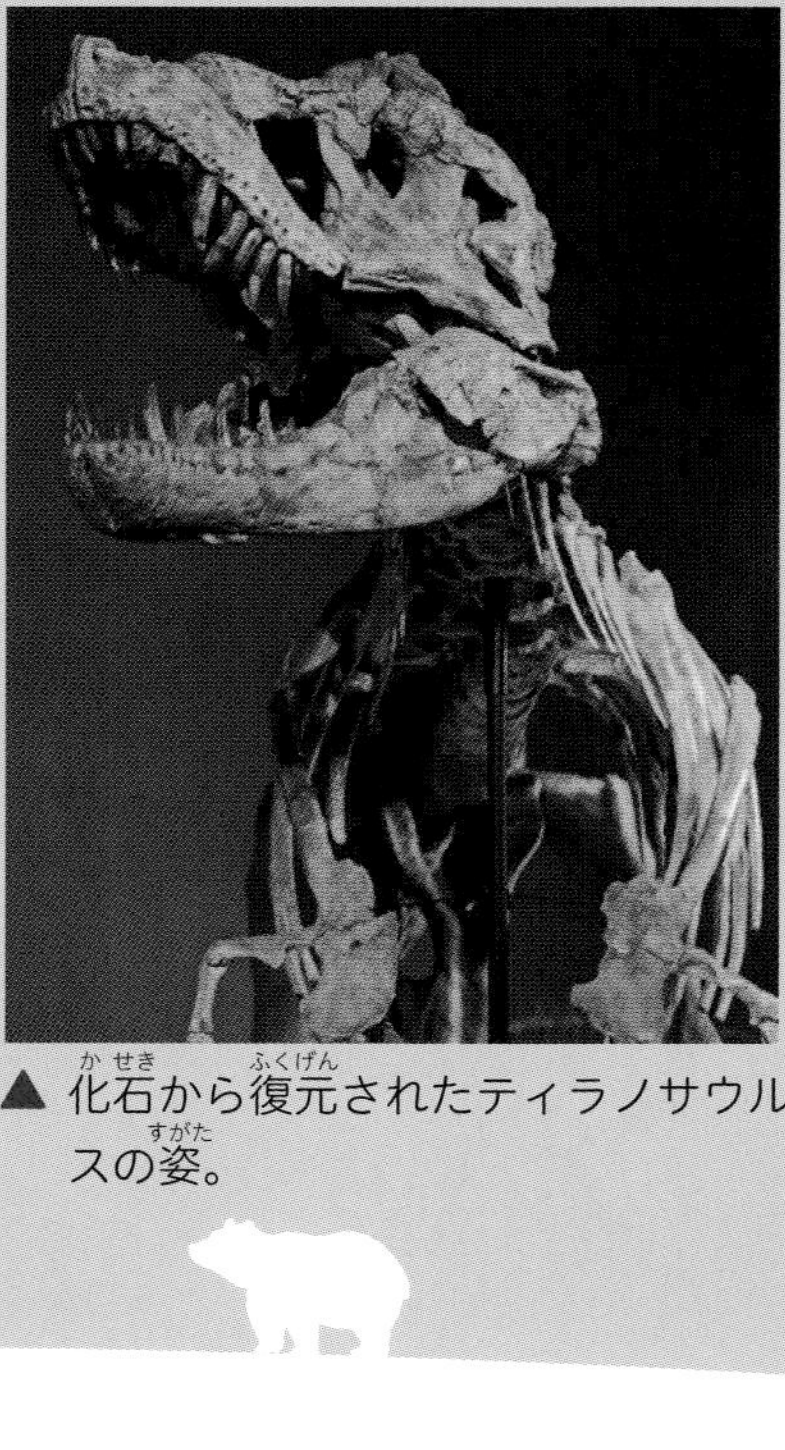

▲化石《かせき》から復元《ふくげん》されたティラノサウルスの姿《すがた》。

●恐竜《きょうりゅう》の本当《ほんとう》の姿《すがた》！

恐竜《きょうりゅう》は、どんな姿《すがた》をしていたのだろう。皮《ひ》ふの化《か》石《せき》などから、ウロコでおおわれていた恐竜《きょうりゅう》や、鳥《とり》のような羽毛《うもう》があった恐竜《きょうりゅう》がいたといわれているが、どんな色《いろ》をしていたのかはわかっていない。

これまでに発見《はっけん》された恐竜《きょうりゅう》は、およそ540種《しゅ》。肉食《にくしょく》や草食《そうしょく》、角《つの》があるものや首《くび》が長《なが》いもの、10mをこえる大《おお》きなものや1mもない小《ちい》さなものなど、いろいろな姿《すがた》や大《おお》きさの恐竜《きょうりゅう》がいたのだ。

ひと昔前《むかしまえ》までは、おそろしい動物《どうぶつ》というのが恐竜《きょうりゅう》のイメージであったが、近年《きんねん》の研究《けんきゅう》では、爬虫類《はちゅうるい》はもちろん、鳥類《ちょうるい》と似《に》ている部分《ぶぶん》も多《おお》かっただろうといわれている。繁殖期《はんしょくき》には、ハトのような「クークー」という鳴《な》き声《ごえ》をしていたのではないか、という研究《けんきゅう》結果《けっか》も出《で》ている。だんだんと、恐竜《きょうりゅう》の本当《ほんとう》の姿《すがた》がとき明《あ》かされている、というわけだ。

●皮《ひ》ふの色《いろ》やもよう

恐竜《きょうりゅう》が、実際《じっさい》にはどんな色《いろ》やもようだったのか、本当《ほんとう》のところはわからない。だから、派手《はで》な色《いろ》だったかもしれないし、地味《じみ》な色《いろ》だったかもしれない。また、羽毛《うもう》の化石《かせき》が発見《はっけん》され、鳥《とり》のような羽毛《うもう》でおおわれた種類《しゅるい》もいたことがわかっている。

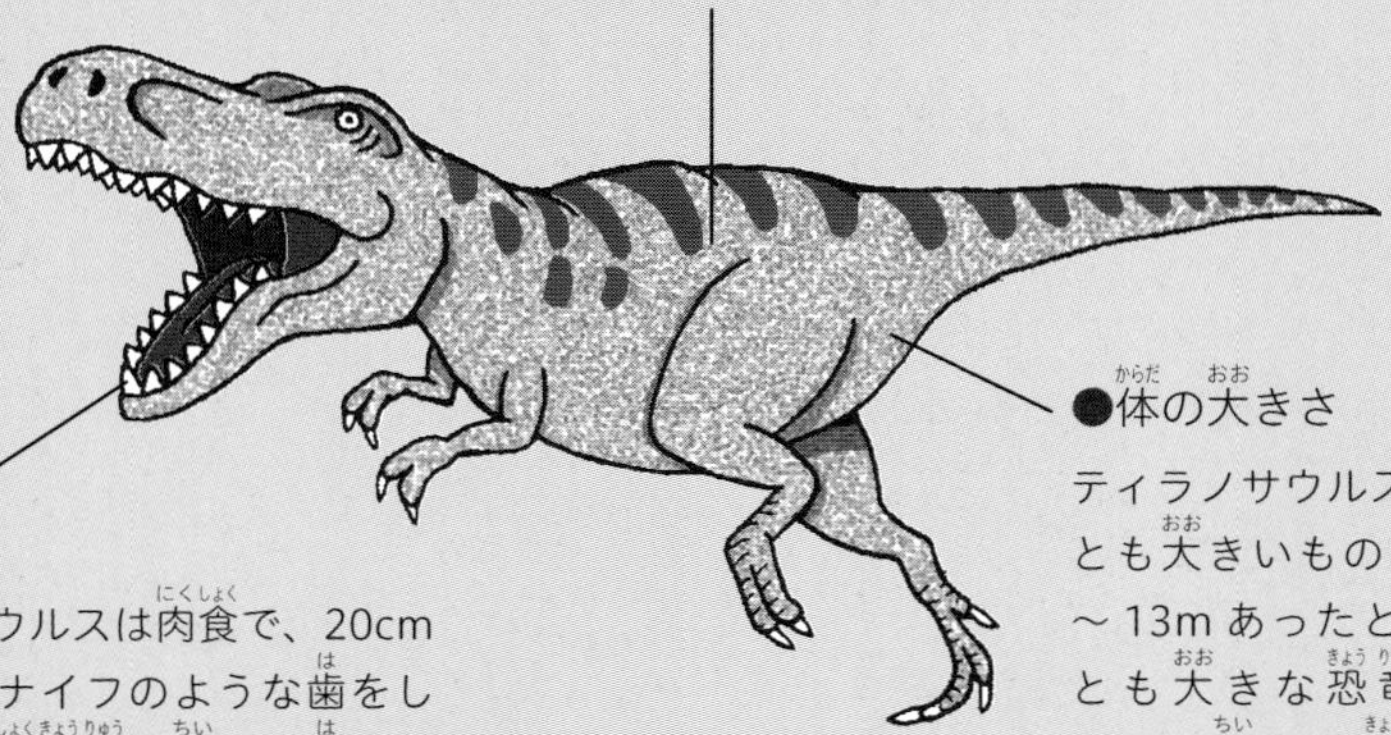

●歯《は》

ティラノサウルスは肉食《にくしょく》で、20cmほどもあるナイフのような歯《は》をしていた。草食恐竜《そうしょくきょうりゅう》は小《ちい》さな歯《は》がたくさんならんでいた。

●体《からだ》の大《おお》きさ

ティラノサウルスのうちもっとも大《おお》きいものは、体長《たいちょう》12～13mあったという。もっとも大《おお》きな恐竜《きょうりゅう》はおよそ40m、小《ちい》さな恐竜《きょうりゅう》は60～90cmだったそうだ。

▲最大級《さいだいきゅう》の肉食恐竜《にくしょくきょうりゅう》、ティラノサウルス。まさに、恐竜《きょうりゅう》の王者《おうじゃ》だ。

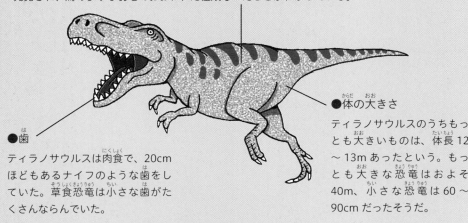

生《い》き物《もの》

もしも
case
2

地《ち》球《きゅう》から虫《むし》がいなくなったら？

実《みの》りの秋《あき》。果樹園《かじゅえん》や畑《はたけ》だけではなく、里《さと》や山《やま》でもくだものが実《みの》りはじめる。

……しかし、今年《ことし》の秋《あき》はようすがおかしい。実《みの》る果実《かじつ》がとても少《すく》ないのだ。畑《はたけ》も、土《つち》の状態《じょうたい》が悪《わる》く、野菜《やさい》の育《そだ》ちも悪《わる》い。

虫《むし》が消《き》えたのだ。地上《ちじょう》をとびまわる虫《むし》も、地《ち》をはう虫《むし》も、水中《すいちゅう》の虫《むし》も……見当《みあ》たらない。当然《とうぜん》、虫《むし》を食《た》べる鳥《とり》たちも、次々《つぎつぎ》に死《し》んでいる。

このままでは、植物《しょくぶつ》も、それを食《た》べる動物《どうぶつ》も、死《し》にたえるのは時間《じかん》の問題《もんだい》だろう。砂漠《さばく》がふえ、人間《にんげん》の食《た》べ物《もの》にも影響《えいきょう》が出《で》てくるかもしれない。人間《にんげん》たちは、食料《しょくりょう》の買《か》いだめに走《はし》りまわり、うばいあいがはじまるのだ……。

地球上《ちきゅうじょう》の生《い》き物《もの》の半分以上《はんぶんいじょう》は虫《むし》！

現在《げんざい》、地球《ちきゅう》には、発見《はっけん》されているだけでも、およそ190万種《まんしゅ》の生《い》き物《もの》がいるという。その半数《はんすう》が、なんと虫《むし》なのだ。しかも、地球《ちきゅう》にすんでいる生《い》き物《もの》すべてが発見《はっけん》されているわけではなく、存在《そんざい》するだろうとされる生《い》き物《もの》は870万種《まんしゅ》以上《いじょう》になるといわれている。地球上《ちきゅうじょう》の虫《むし》の数《かず》は、計《はか》り知《し》れない。

他《ほか》の生《い》き物《もの》にくらべて、こんなにも虫《むし》の種類《しゅるい》が多《おお》いのは、なぜなのだろうか。

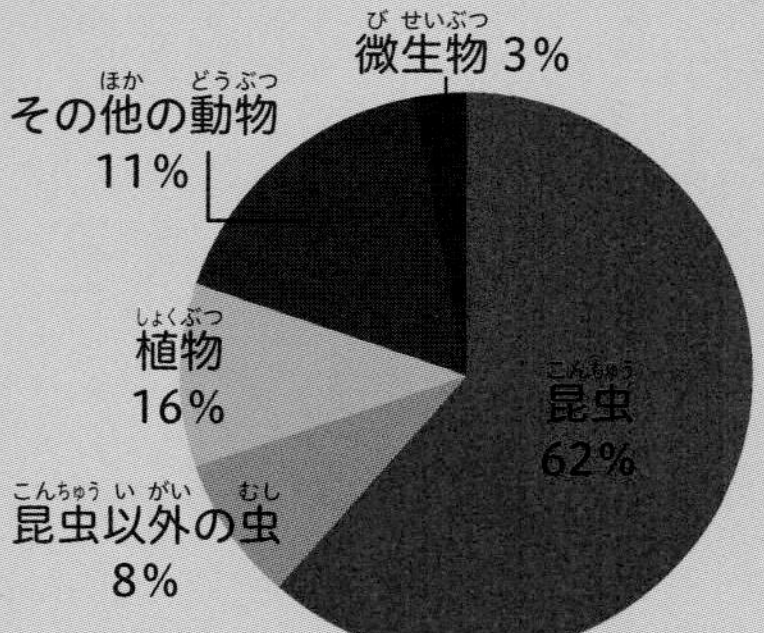

▲ 地球上《ちきゅうじょう》の生《い》き物《もの》のおおよその割合《わりあい》
（出典：『昆虫の不思議な世界』悠書館 2015年）

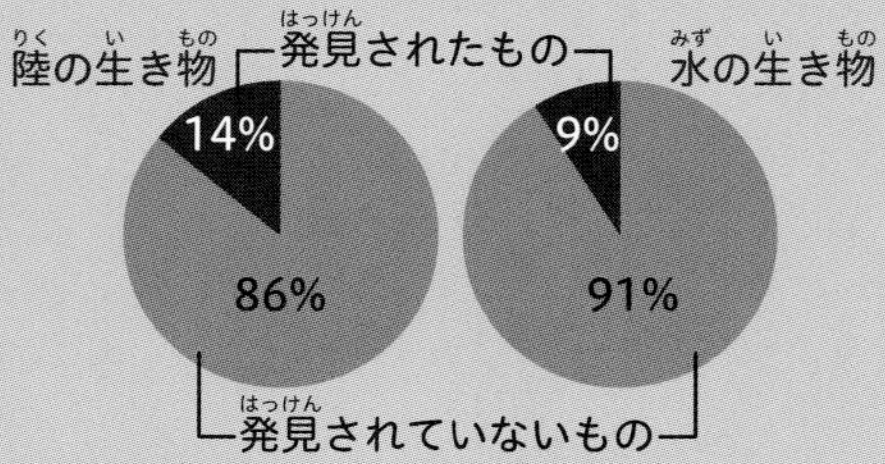

▲ 発見《はっけん》されている生《い》き物《もの》の割合《わりあい》
（出典：2011年8月24日 AFP配信）

虫《むし》の役割《やくわり》とは？

大《おお》きくわけて、虫《むし》には3つの役割《やくわり》がある。

❶ 食料《しょくりょう》になる

虫《むし》は、爬虫類《はちゅうるい》、鳥類《ちょうるい》、両生類《りょうせいるい》、魚類《ぎょるい》の食料《しょくりょう》となる。虫《むし》がいなくなると、これらの生《い》き物《もの》も生《い》きてはいけなくなってしまうだろう。

❷ 花粉《かふん》を運《はこ》ぶ

ミツバチのように虫《むし》が植物《しょくぶつ》の花粉《かふん》を運《はこ》ぶことで、植物《しょくぶつ》が受粉《じゅふん》をおこなう場合《ばあい》がある。虫《むし》のおかげで、花《はな》が咲《さ》き、果実《かじつ》が実《みの》ることもあるのだ。もしも虫《むし》がいなければ、花《はな》や果実《かじつ》はぐんとへるだろう。

❸ 浄化《じょうか》、分解《ぶんかい》する

水《みず》のなかにいる虫《むし》（微生物《びせいぶつ》）は水《みず》を浄化《じょうか》する。土《つち》のなかにいる虫《むし》（微生物《びせいぶつ》）は、落《お》ち葉《ば》や死《し》んだ生《い》き物《もの》を分解《ぶんかい》し、土《つち》の栄養《えいよう》にしてくれる。この虫《むし》がいなくなると、土《つち》も川《かわ》や海《うみ》も、あれてしまうだろう。

ある特定《とくてい》の虫《むし》だけいなくなると？

では、すべての虫《むし》ではなく、ある特定《とくてい》の虫《むし》がいなくなると、どうなるだろう？

虫《むし》には、それぞれに独自《どくじ》の役割《やくわり》がある。たとえば、きらわれる虫《むし》の代表《だいひょう》、ゴキブリ。ゴキブリはカエルやトカゲなどの食料《しょくりょう》でもあり、森林《しんりん》では落《お》ち葉《ば》や死《し》んだ生《い》き物《もの》を分解《ぶんかい》してくれる虫《むし》でもある。ゴキブリがいなくなると、カエルやトカゲの食料《しょくりょう》がへり、さらに、カエルやトカゲを食料《しょくりょう》にする鳥《とり》やヘビがへってしまう。このように、食《た》べる・食《た》べられる関係《かんけい》を「食物連鎖《しょくもつれんさ》」という。

数《かず》が多《おお》い虫《むし》たちは、食物連鎖《しょくもつれんさ》の下《した》の方《ほう》にいる。ゴキブリがいなくなると、虫《むし》たちが生《い》きている場所《ばしょ》の食物連鎖《しょくもつれんさ》がこわれ、生態系《せいたいけい》がくずれる。ただし、ゴキブリに代《か》わる役割《やくわり》の虫《むし》があらわれる可能性《かのうせい》もあるので、すぐに人間《にんげん》に影響《えいきょう》はないかもしれない。

しかし、少《すこ》しずつゴキブリがいた環境《かんきょう》はかわるはずだから、いなくなる虫《むし》や生《い》き物《もの》が出《で》てくるかもしれない。そうなると、じわじわと生《い》き物《もの》がへり、人間《にんげん》の食料《しょくりょう》がへることも考《かんが》えられる。

人間《にんげん》以外《いがい》の生《い》き物《もの》が消《き》えたら？

今《いま》、「※絶滅危惧種《ぜつめつきぐしゅ》（レッドリスト）」は、2万種《まんしゅ》以《い》上《じょう》にものぼり、その数《かず》は年々《ねんねん》ふえている。まだ実感《じっかん》はわかないかもしれないが、現実《げんじつ》に起《お》きていることだ。もしも、このままだとしたら……？

人間《にんげん》をふくめて、すべての生《い》き物《もの》は、あらゆる生《い》き物《もの》と密接《みっせつ》にかかわり合《あ》うことで生《い》きていられる。もしも、人間《にんげん》以外《いがい》の生《い》き物《もの》がすべていなくなったら、人間《にんげん》は1日《にち》だって生《い》きていることはできないだろう。

※絶滅危惧種《ぜつめつきぐしゅ》……地球上《ちきゅうじょう》で、絶滅《ぜつめつ》するかもしれない動物《どうぶつ》・植物《しょくぶつ》などのこと。（出典《しゅってん》／IUCNレッドリスト2015）

生《い》き物《もの》

もしも case 3 カが巨大化《きょだいか》したら?

ミーンミーンミーン……。

少年《しょうねん》たちは、虫《むし》とりに熱中《ねっちゅう》して林《はやし》の奥《おく》へ入《はい》っていった。もっと大《おお》きなカブトムシを見《み》つけたいのだ。

ババババ……ババババ……

ふと、音《おと》がしてふり向《む》くと、そこには巨大《きょだい》な虫《むし》の大群《たいぐん》が!

「うわあ!に、にげろ!」

それは、1mくらいに巨大化《きょだいか》したカだった。ふりつづいた豪雨《ごうう》により、巨大《きょだい》化《か》したカが大量発生《たいりょうはっせい》したのだ。

林《はやし》のまわりで動物《どうぶつ》たちの変死《へんし》が相次《あいつ》いでいたのは、このカに血《ち》をすわれたからだったのだろうか……。

本当《ほんとう》にいた!? 巨大《きょだい》なカ

わたしたちのまわりでよく見《み》られるカには、アカイエカ（5.5㎜）やヒトスジシマカ（4.5㎜）、オオクロヤブカ（7.5㎜）などがいる。どれも1㎝以下《いか》の小《ちい》さなカで、血《ち》をすうカのほとんどはメス。卵《たまご》をうむために栄養《えいよう》が必要《ひつよう》なのだ。すべてのカが、血《ち》をすうわけではない。

ただし、マラリアなどの伝染病《でんせんびょう》は、カにさされることによって広《ひろ》がっていく場合《ばあい》が多《おお》い。近年《きんねん》でも、デングウイルスを持《も》ったカにさされることで感染《かんせん》する、デング熱《ねつ》が流行《りゅうこう》した。

もしも、すべてのカが、超巨大化《ちょうきょだいか》したらどうなるのだろうか……？

カの大《おお》きさが大《おお》きくなればなるほど、必要《ひつよう》となる血《ち》の量《りょう》は多《おお》くなるはずだ。血《ち》をすえる生《い》き物《もの》はかぎられているから、だんだんとカ自身《じしん》の食料《しょくりょう》がへり、最後《さいご》には、巨大化《きょだいか》したカは死《し》にたえてしまうだろう。

すると、カが絶滅《ぜつめつ》したことで、新《あたら》しい生態系《せいたいけい》が生《う》まれ、少《すこ》しずつ生《い》き物全体《ものぜんたい》の生態系《せいたいけい》もかわってしまうかもしれない。

▲もしも、カが巨大化《きょだいか》したとしたら……？

虫《むし》は巨大化《きょだいか》するのだろうか?

実際《じっさい》に、虫《むし》が超巨大化《ちょうきょだいか》することは、あるのだろうか？

実《じつ》は、3億年前《おくねんまえ》の地球《ちきゅう》では、カモメほどの大《おお》きさの肉食《にくしょく》トンボや巨大《きょだい》なゴキブリ、ノミなどが生《い》きていたのだという。

なぜ巨大《きょだい》だったのか、現在《げんざい》、研究《けんきゅう》が進《すす》められているが、今《いま》よりも地球《ちきゅう》の酸素濃度《さんそのうど》が高《たか》かったためだという説《せつ》がある。

生《い》き物《もの》にとって酸素《さんそ》はなくてはならないものだが、濃度《のうど》が高《たか》すぎると毒《どく》になってしまう。そこで、体《からだ》の大《おお》きさに対《たい》して、取《と》りこむ酸素《さんそ》の量《りょう》をへらすため、体《からだ》の方《ほう》が大《おお》きくなるように進化《しんか》したというのだ。その後《ご》、地球《ちきゅう》の酸素濃度《さんそのうど》がひくくなると、巨大《きょだい》な虫《むし》たちは姿《すがた》を消《け》し、今《いま》のような形《かたち》に落《お》ち着《つ》いたのだろう。だから、今《いま》の地球環境《ちきゅうかんきょう》では、小《ちい》さな虫《むし》が突然《とつぜん》、超巨大化《ちょうきょだいか》することは、自然《しぜん》にはありえないといえる。

ただし、人間《にんげん》が遺伝子操作《いでんしそうさ》をしたり、地球環境《ちきゅうかんきょう》が大《おお》きく変化《へんか》をしたりすれば、超巨大化《ちょうきょだいか》した虫《むし》たちが出現《しゅつげん》するかもしれない。もし、そうなった場合《ばあい》、虫《むし》たちは、人間《にんげん》にとっておそろしいと存在《そんざい》となるにちがいない。

世界《せかい》にいる！ 巨大《きょだい》な虫《むし》

南米《なんべい》の熱帯雨林《ねったいうりん》などに生息《せいそく》する「ペルビアンジャイアントオオムカデ」は体長《たいちょう》が20～30㎝、最大《さいだい》で40㎝もあり、毒《どく》をもっているという。また、ボルネオに生息《せいそく》するナナフシ「チャンズ・メガスティック」は、あしをのばした全長《ぜんちょう》が、なんと55㎝をこえる世界最《せかいさい》長《ちょう》の虫《むし》だ。日本《にほん》にも世界最大《せかいさいだい》の虫《むし》がいる。沖縄県与《おきなわけんよ》那国島《なくにじま》に生息《せいそく》する「ヨナグニサン」というガだ。羽《はね》を広《ひろ》げた大《おお》きさが、なんと30㎝もあるという。

この他《ほか》、体長《たいちょう》が最大《さいだい》8㎝の「ヨロイモグラゴキブリ」、角《つの》をふくめた全長《ぜんちょう》が最大《さいだい》18㎝の「ヘラクレスオオカブト」など、世界《せかい》には、想像《そうぞう》以上《いじょう》に巨大《きょだい》な虫《むし》たちがたくさんいるのだ。

▲ヨナグニサン

生《い》き物《もの》

もしも case 4

熱帯雨林《ねったいうりん》がすべて伐採《ばっさい》されたら？

……バッターン……

どこまでもつづいていると思《おも》われた、南米《なんべい》の熱帯雨林《ねったいうりん》の最後《さいご》の木《き》がたおれた。大量《たいりょう》の木《き》を伐採《ばっさい》したり、大規模《だいきぼ》な森林《しんりん》火災《かさい》があったり、農地《のうち》への転用《てんよう》が重《かさ》なったりして、森林《しんりん》はへっていた。そこへ記《き》録的《ろくてき》な豪雨《ごうう》がつづき、森林《しんりん》はめちゃくちゃに……。豪雨《ごうう》で土《つち》があらい流《なが》され、そこは草《くさ》も木《き》も生《は》えない砂漠《さばく》と化《か》してしまったのだ。

やがて、地球《ちきゅう》は温暖化《おんだんか》が進《すす》み、洪水《こうずい》がたえず起《お》こり、虫《むし》や動物《どうぶつ》の数《かず》もへった。もはや地球《ちきゅう》は、人間《にんげん》が安心《あんしん》してくらせる場所《ばしょ》ではなくなってしまったのだ。

地球上《ちきゅうじょう》に森林《しんりん》はどのくらいある?

地球上《ちきゅうじょう》の森林《しんりん》の割合《わりあい》は、世界《せかい》の陸地《りくち》のおよそ30%ほど。海《うみ》をふくめた地球全体《ちきゅうぜんたい》で見《み》るとおよそ7.7%で、このうち、※熱帯雨林《ねったいうりん》とよばれる森林《しんりん》は地球全体《ちきゅうぜんたい》のおよそ3.6%だ。このわずか3.6%の熱帯雨林《ねったいうりん》に、地球上《ちきゅうじょう》の生《い》き物《もの》の半分以上《はんぶんいじょう》が生《い》きているという。まさに、熱帯雨林《ねったいうりん》は生《い》き物《もの》の宝庫《ほうこ》なのだ。

※熱帯雨林《ねったいうりん》……1年中《ねんじゅう》あたたかく、雨《あめ》の多《おお》い森林地域《しんりんちいき》のこと。おもに、南米《なんべい》のアマゾン川流域《がわりゅういき》、東南《とうなん》アジア、オーストラリア、アフリカなどにある。

砂漠化《さばくか》するスピード

FAO(国際連合食糧農業機関《こくさいれんごうしょくりょうのうぎょうきかん》)が発表《はっぴょう》した『世界森林資源評価《せかいしんりんしげんひょうか》2015』によると、1990年《ねん》からおよそ1億《おく》2900万《まん》ha(ヘクタール)の森林《しんりん》が消《き》えたという。これは、南《みなみ》アフリカ共和国《きょうわこく》とほぼ同《おな》じ面積《めんせき》だそうだ。森林《しんりん》がへる理由《りゆう》は、農地《のうち》や牧草地《ぼくそうち》にするため、木材《もくざい》にするため、開発《かいはつ》するためなど、ほとんどが人《ひと》の手《て》によるものだ。

2000年以降《ねんいこう》にヨーロッパや中国《ちゅうごく》で大規模《だいきぼ》な植林《しょくりん》がおこなわれ、1990~2000年《ねん》の10年間《ねんかん》よりも砂漠化《さばくか》するスピードはやや落《お》ちている。しかし、地球全体《ちきゅうぜんたい》で見《み》ると、森林《しんりん》がへりつつあることにはかわりない。

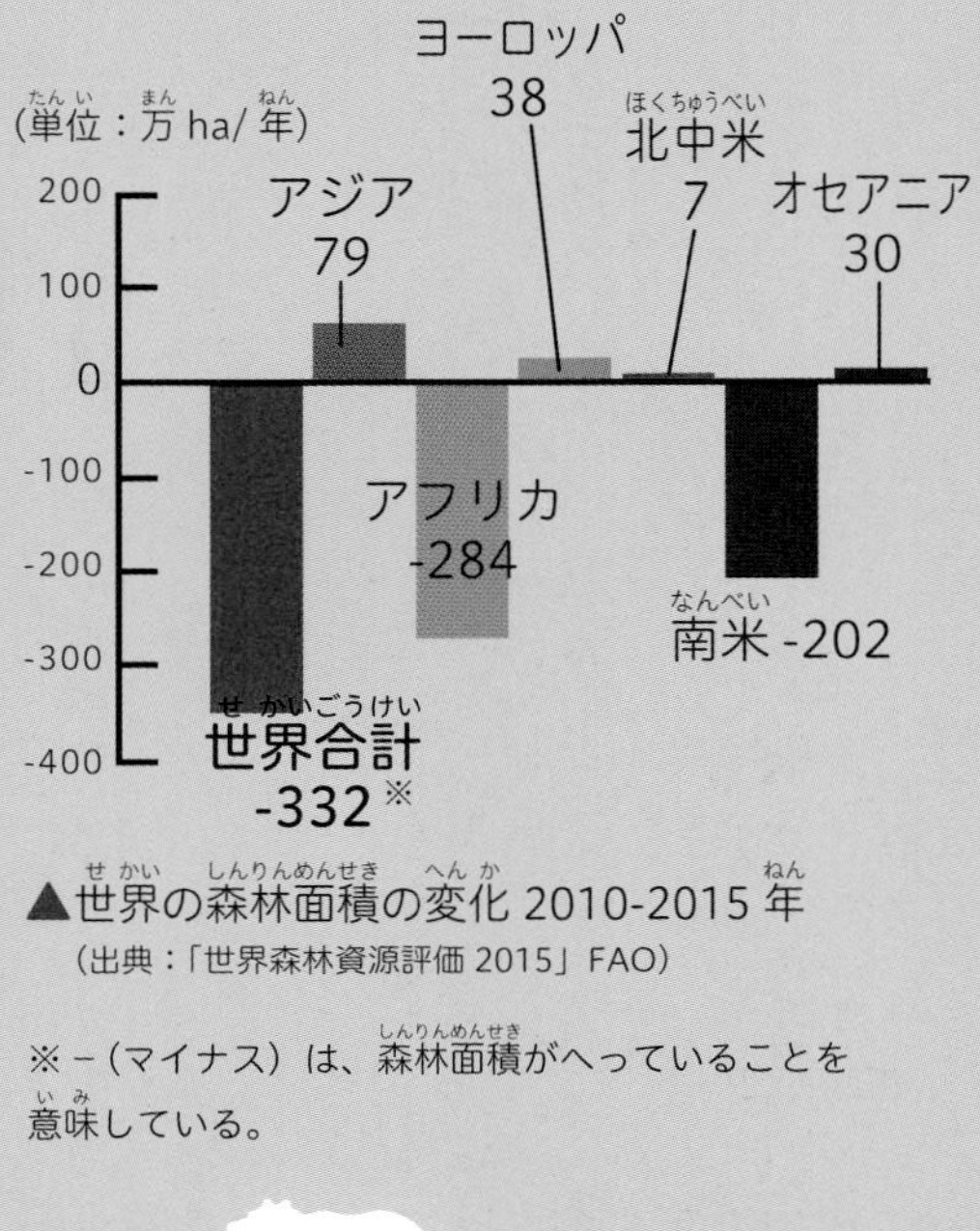

▲世界《せかい》の森林面積《しんりんめんせき》の変化《へんか》 2010-2015 年《ねん》
(出典:「世界森林資源評価 2015」FAO)

※ −(マイナス)は、森林面積《しんりんめんせき》がへっていることを意味《いみ》している。

なかでも、アフリカや南米《なんべい》などの熱帯雨林《ねったいうりん》がうしなわれるスピードは速《はや》い。

実際《じっさい》に、砂漠化《さばくか》の影響《えいきょう》をうけている地域《ちいき》は、世界《せかい》の陸地《りくち》の4分《ぶん》の1にあたる36億《おく》ヘクタール。これは、アフリカ大陸《たいりく》と同《おな》じくらいの広《ひろ》さで、日本《にほん》の陸地面《りくちめん》積《せき》の80倍《ばい》にもなるのだ。自然《しぜん》に砂漠化《さばくか》する場合《ばあい》もあるが、大《おお》きな原因《げんいん》は森林《しんりん》がへる理由《りゆう》と同《おな》じく、人間《にんげん》の手《て》によるもの。

砂漠化《さばくか》の割合《わりあい》を地域別《ちいきべつ》にみると、一番《いちばん》にアジア、続《つづ》いてアフリカが多《おお》い。地域《ちいき》によっては、水《みず》や食料《しょくりょう》が不足《ふそく》するなどの影響《えいきょう》も出《で》ているという。

●熱帯雨林《ねったいうりん》は「地球《ちきゅう》の肺《はい》」!

熱帯雨林《ねったいうりん》をはじめ、森林《しんりん》には、どんな役割《やくわり》があるのだろうか。

まず、森林《しんりん》は生《い》き物《もの》をささえる、重要《じゅうよう》な場所《ばしょ》であるということ。熱帯雨林《ねったいうりん》に地球上《ちきゅうじょう》の半分以上《はんぶんいじょう》の生《い》き物《もの》がいることでもわかるように、多種多様《たしゅたよう》な生《い》き物《もの》にとって生《い》きやすい条件《じょうけん》が整《ととの》っているのだ。

雨水《あまみず》をたくさんたくわえ、それを水蒸気《すいじょうき》として空《くう》気中《きちゅう》に返《かえ》すことで、地球《ちきゅう》を安定《あんてい》した気候《きこう》にしているのも森林《しんりん》だ。木々《きぎ》が土《つち》に根《ね》をはることで、水《みず》をたくわえ、土《つち》がくずれるのをふせいでいる。

また、二酸化炭素《にさんかたんそ》を吸収《きゅうしゅう》し、酸素《さんそ》をつくり出《だ》しているのも森林《しんりん》だ。なかでも、熱帯雨林《ねったいうりん》は多《おお》くの酸素《さんそ》をつくり出《だ》しているので、「地球《ちきゅう》の肺《はい》」ともいわれる。

熱帯雨林《ねったいうりん》は木々《きぎ》がないと土《つち》が流《なが》されやすく、一度《いちど》こわされると元《もと》にもどすことはむずかしい。大雨《おおあめ》がふった場合《ばあい》も、木《き》がないために水《みず》をたくわえることができず、洪水《こうずい》が起《お》こりやすくなるのだ。

もしも、今《いま》と同《おな》じスピードで熱帯雨林《ねったいうりん》が消《き》えていくと、地球上《ちきゅうじょう》の多《おお》くの生《い》き物《もの》がいなくなり、二酸化《にさんか》炭素《たんそ》がふえて温暖化《おんだんか》が進《すす》むだろう。やがて、熱帯雨《ねったいう》林《りん》はすべて砂漠《さばく》となってしまうかもしれない……。

生《い》き物《もの》

もしも
case
5

動物《どうぶつ》が人間《にんげん》の言葉《ことば》を話《はな》せたら？

動物《どうぶつ》は人間《にんげん》の言葉《ことば》を話《はな》せるのか

人間《にんげん》のよき相棒《あいぼう》である、動物《どうぶつ》たち。ペットや動物《どうぶつ》園《えん》の人気者《にんきもの》など、わたしたちは、たくさんの動物《どうぶつ》たちと一緒《いっしょ》に生《い》きている。

もしも、ペットや動物園《どうぶつえん》の動物《どうぶつ》たちが、人間《にんげん》の言《こと》葉を話《はな》し、会話《かいわ》をすることができたらどうなるだろうか。

ペットたちは、日《ひ》ごろの感謝《かんしゃ》の気持《きも》ちをつたえてくれるかもしれないし、逆《ぎゃく》に、「このごはん、おいしくないんだよなあ」なんて文句《もんく》をいうかもしれない。かわいがるだけではなく、人間同士《にんげんどうし》のようなコミュニケーションが必要《ひつよう》になってくるだろう。

また、人間《にんげん》と一緒《いっしょ》に、勉強《べんきょう》や仕事《しごと》をすることもあるかもしれない。つまり、クラスメイトや会社《かいしゃ》の同《どう》僚《りょう》がイヌやネコになるかもしれない、ということだ。そうなると、動物《どうぶつ》たちは、さらに人間《にんげん》のよき相棒《あいぼう》となるのだろうか。それとも、人間《にんげん》のライバルになるのだろうか……。

しかし、これらの動物《どうぶつ》たち、とくにわたしたちの身近《みぢか》にいるイヌやネコたちが、人間《にんげん》の言葉《ことば》を理解《りかい》し、人間《にんげん》と同《おな》じように会話《かいわ》をする可能性《かのうせい》があるとは思《おも》えない。

● 動物《どうぶつ》たちのコミュニケーション

では、人間《にんげん》と動物《どうぶつ》は、まったくコミュニケーションがとれないのかというと、そうではない。

水族館《すいぞくかん》のイルカやアシカ、動物園《どうぶつえん》のチンパンジー、ペットのイヌやネコなど、訓練《くんれん》をすれば人間《にんげん》の言葉《ことば》を聞《き》き分《わ》ける動物《どうぶつ》たちはたくさんいる。ただし、聞《き》き分《わ》けるといっても、言葉《ことば》の意味《いみ》を理解《りかい》するのではなく、音《おと》や教《おし》える人間《にんげん》のしぐさを見《み》て、何《なに》をするのかを理解《りかい》しているのだという。

では、動物同士《どうぶつどうし》のコミュニケーションは、どんなふうにしているのだろう。

● 鳴《な》き声《ごえ》を出《だ》す

人間《にんげん》には理解《りかい》できないが、鳴《な》き声《ごえ》はそれぞれの動物《どう》たちの、重要《じゅうよう》なコミュニケーション。鳥《とり》のさえずりは種類《しゅるい》によってちがうし、クジラの歌声《うたごえ》は数百《すうひゃく》km先《さき》の仲間《なかま》にまで聞《き》こえるそうだ。

チンパンジーは、鳴《な》き声《ごえ》、表情《ひょうじょう》、しぐさなどを組《く》み合《あ》わせて、じょうずにコミュニケーションする。

● 体《からだ》を使《つか》う

イヌやネコは、ひげやしっぽで気持《きも》ちをつたえる。

また、ミツバチは、蜜《みつ》の場所《ばしょ》を仲間《なかま》に知《し》らせるために、巣《す》にもどると特定《とくてい》のダンスをするという。はねや体《からだ》をふるわせながら、8の字《じ》などをえがくのだ。

他《ほか》にも、ホタルのように体《からだ》の一部《いちぶ》を光《ひか》らせたり、体《からだ》の色《いろ》をかえたりする動物《どうぶつ》もいる。

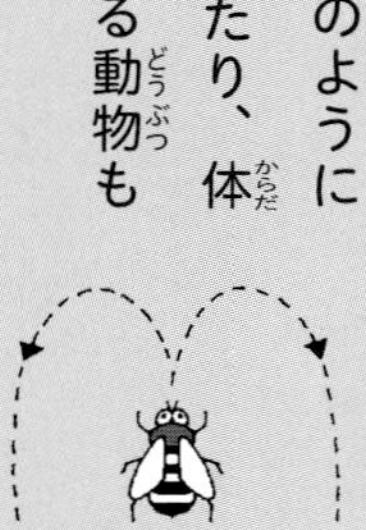

▲ミツバチの8の字《じ》ダンス。

● においづけをする

おしっこやうんち、体《からだ》を何《なに》かにこすりつけるのもコミュニケーション。これは、においをつけて、自《じ》分《ぶん》のなわばりだとしめしたり、仲間《なかま》に何《なに》かをつたえたりしているのだ。

もしも case 6

ゴキブリが異常発生《いじょうはっせい》したら？

●ゴキブリはこんなヤツ！

家《いえ》の中《なか》にいると、人間《にんげん》にたたきつぶされてしまうゴキブリは、なんとおよそ3億年《おくねん》以上《いじょう》も前《まえ》から生《い》きているという、「※生《い》きた化石《かせき》」だ。

現在《げんざい》、およそ4600種《しゅ》ほどのゴキブリが世界《せかい》にいるといわれている。そのうち、日本《にほん》の家《いえ》でよく見《み》かけるのは、おもに茶色《ちゃいろ》っぽい「チャバネゴキブリ」や黒光《くろびか》りする「クロゴキブリ」など10種《しゅ》ほど。

この他《ほか》に、10㎝近《ちか》くもあるような大《おお》きなもの、ダンゴムシのように丸《まる》くなるもの、ペットとして飼《か》われるもの、漢方薬《かんぽうやく》の材料《ざいりょう》になるものなど、さまざまな種類《しゅるい》がいる。

また、世界一美《せかいいちうつく》しいゴキブリとよばれるエメラルドグリーンの「グリーンバナナローチ」、青《あお》くかがやく「ルリゴキブリ」という美《うつく》しい種類《しゅるい》もいる。

ゴキブリとひと口《くち》にいってもいろいろなのだ。

※生《い》きた化石《かせき》→125ページ

●ゴキブリが異常発生《いじょうはっせい》したら？

ゴキブリは、人《ひと》に害《がい》のある病原体《びょうげんたい》を運《はこ》んだり、アレルギーの原因《げんいん》になったりすることもある。

食《た》べ物《もの》のかすや生《なま》ゴミなどの食料《しょくりょう》があり、適度《てきど》に暗《くら》くじめじめした場所《ばしょ》があり、あたたかい家《いえ》のなかはゴキブリにとって快適《かいてき》な環境《かんきょう》。また、ゴキブリは、生命力《せいめいりょく》、繁殖能力《はんしょくのうりょく》、適応力《てきおうりょく》もバツグンなため、あっ

という間《ま》にふえていく。もしも、何《なん》らかの理由《りゆう》でゴキブリが異常発生《いじょうはっせい》したら……。そんなことはないと思《おも》いたいが、どうなるか一緒《いっしょ》に想像《そうぞう》してみよう。

まず、ゴキブリがきらわれる一番《いちばん》の理由《りゆう》は、カサコソと歩《ある》き回《まわ》り、人間《にんげん》に不快感《ふかいかん》を与《あた》えるから。そんなゴキブリがうじゃうじゃいる、それだけで具合《ぐあい》が悪《わる》くなる人《ひと》が続出《ぞくしゅつ》するだろう。さらに、大量《たいりょう》のゴキブリが病原体《びょうげんたい》やアレルギーの原因《げんいん》をあちこちにばらまくのだから、病気《びょうき》になる人《ひと》がふえるかもしれない。実際《じっさい》に、ゴキブリが原因《げんいん》の「ゴキブリ・アレルギー」があると証明《しょうめい》されているそうだ。

ふえつづけるゴキブリを退治《たいじ》するために、人間《にんげん》は強力《きょうりょく》な殺虫剤《さっちゅうざい》をあちこちにまく。殺虫剤《さっちゅうざい》は害虫《がいちゅう》を退《たい》治《じ》してくれるが、人間《にんげん》や環境《かんきょう》にとって無害《むがい》だとはいえない。

はるか3億年《おくねん》以上《いじょう》も前《まえ》から生《い》きているゴキブリを根絶《ねだ》やしにすることはむずかしいだろう。

●本当《ほんとう》にあった！ 虫《むし》の異常発生事件《いじょうはっせいじけん》

近年《きんねん》、長野県《ながのけん》や岩手県《いわてけん》をはじめ各地《かくち》では、夏《なつ》にマイマイガが大量発生《たいりょうはっせい》する事件《じけん》がおきている。マイマイガは10年周期《ねんしゅうき》で大量発生《たいりょうはっせい》し、一度《いちど》大量発生《たいりょうはっせい》すると、おさまるまでに3年《ねん》もかかるそうだ。幼虫《ようちゅう》は植物《しょくぶつ》を食《た》べつくし、毒《どく》もあるから注意《ちゅうい》が必要《ひつよう》だ。

また、世界《せかい》でも虫《むし》の異常発生《いじょうはっせい》は起《お》きている。空《そら》をうめつくす黒《くろ》い雲《くも》……と思《おも》ったら、イナゴやバッタの大群《たいぐん》だったということもあるのだ。この場合《ばあい》、わずかな時間《じかん》で稲《いね》や作物《さくもつ》が食《く》いつくされてしまう被害《ひがい》が出《で》る。このような虫《むし》の異常発生《いじょうはっせい》は、大《おお》昔《むかし》からあったというが、まだ原因《げんいん》はよくわかっていない。

（写真／PIXTA）

▶大量発生《たいりょうはっせい》したマイマイガ。

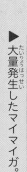

生《い》き物《もの》

もしも case 7

微生物《びせいぶつ》がいなくなったら？

微生物《びせいぶつ》は小《ちい》さな生《い》き物《もの》！

微生物《びせいぶつ》とは、目《め》に見《み》えないくらい小《ちい》さな生《い》き物《もの》のこと。ほとんどが1㎜以下《いか》の大《おお》きさで、ひとつの細胞《さいぼう》だけでできている。顕微鏡《けんびきょう》で見《み》ると、丸《まる》かったり、細長《ほそなが》かったり、とてもユニークな形《かたち》をしているのだ。

微生物《びせいぶつ》はどこにでもいる。空気《くうき》、水《みず》、土《つち》、動物《どうぶつ》、食《た》べ物《もの》、もちろんわたしたち人間《にんげん》の体《からだ》のなかにもいる。南極《なんきょく》の氷《こおり》の下《した》にある湖《みずうみ》にいる微生物《びせいぶつ》や、100℃をこえる深海《しんかい》の熱水噴出孔《ねっすいふんしゅつこう》で育《そだ》つものもいるのだ。

微生物《びせいぶつ》の役割《やくわり》とは

微生物《びせいぶつ》は、どんな役割《やくわり》をしているのだろうか。

たとえば、微生物《びせいぶつ》のおかげでおいしくなる食《た》べ物《もの》

▲いろいろな微生物《びせいぶつ》　※微生物《びせいぶつ》の大《おお》きさは、実際《じっさい》の比率《ひりつ》ではありません。

がある。パン、みそ、納豆《なっとう》、しょうゆ、ぬかづけ、かつおぶし、お酒《さけ》、チーズ、ヨーグルトなどがそうだ。ただし、食《た》べ物《もの》をくさらせるのも微生物《びせいぶつ》。環境《かんきょう》によって、おいしくなるかくさるかが決《き》まるのだ。

土《つち》のなかにいる微生物《びせいぶつ》は、生《い》き物《もの》の死《し》がいやうんち、落《お》ち葉《ば》などを分解《ぶんかい》し、栄養《えいよう》をつくり出《だ》している。

廃水《はいすい》をきれいにしてくれているのも、微生物《びせいぶつ》。「活性汚泥法《かっせいおでいほう》」というシステムで、細菌《さいきん》、カビ、藻類《そうるい》、原生動物《げんせいどうぶつ》などが集《あつ》まって廃水《はいすい》の有害《ゆうがい》な物質《ぶっしつ》を分解《ぶんかい》してくれているのだ。

●人間《にんげん》のなかにも微生物《びせいぶつ》がいる！

わたしたち人間《にんげん》も、微生物《びせいぶつ》のおかげで健康《けんこう》でいられる。人間《にんげん》の体《からだ》には、なんと100兆個以上《ちょうこいじょう》の微生物《びせいぶつ》がいて、有害《ゆうがい》な微生物《びせいぶつ》の増加《ぞうか》をふせいだり、栄養《えいよう》をつくり出《だ》してくれているのだ。体《からだ》から出《で》るうんちにも微生物《びせいぶつ》の死《し》がいがまざっているという。

しかし、病気《びょうき》を引《ひ》き起《お》こす、有害《ゆうがい》な微生物《びせいぶつ》もいるから要注意《ようちゅうい》。微生物《びせいぶつ》が原因《げんいん》となって起《お》こる病気《びょうき》を「感染症《かんせんしょう》」というが、これをふせぐためにワクチン接種《せっしゅ》をしたり、薬《くすり》を飲《の》んだりするのだ。

●微生物《びせいぶつ》がいなかったら？

もしも、微生物《びせいぶつ》がいなかったら、みそ汁《しる》は飲《の》めないし、パンはふくらまないし、大人《おとな》はお酒《さけ》を飲《の》めない。おすしにしょうゆはつけられないし、チーズたっぷりのピザも食《た》べられない。土《つち》はやせて植物《しょくぶつ》は育《そだ》たなくなり、死《し》がいやうんちがあちこちに転《ころ》がり、地球《ちきゅう》はゴミだらけで、水《みず》もきたなくなるだろう。

また、人間《にんげん》の体《からだ》からうんちは出《で》ていかないし、すぐに病気《びょうき》になってしまうかもしれない。

小《ちい》さな微生物《びせいぶつ》は、生《い》き物《もの》にとって、とても重要《じゅうよう》なはたらきをしてくれているのだ。

生き物《いきもの》

もしも case 8

植物《しょくぶつ》が光合成《こうごうせい》をしなくなったら？

●葉《は》っぱの3つの役割《やくわり》

葉《は》っぱには、大《おお》きく3つの役割《やくわり》がある。

①光合成《こうごうせい》……葉緑体《ようりょくたい》で太陽《たいよう》の光《ひかり》を吸収《きゅうしゅう》し、水《みず》と二酸《にさん》化炭素《かたんそ》を分解《ぶんかい》して、植物《しょくぶつ》が生《い》きていくのに必要《ひつよう》なでんぷんと酸素《さんそ》という栄養《えいよう》をつくる。

②呼吸《こきゅう》……植物《しょくぶつ》も、動物《どうぶつ》と同《おな》じように、酸素《さんそ》を吸収《きゅうしゅう》し二酸化炭素《にさんかたんそ》を出《だ》す「呼吸《こきゅう》」をしている。

③蒸散《じょうさん》……葉《は》のうらにある気孔《きこう》からは、水《みず》が水蒸気《すいじょうき》となって出《で》ている。

植物《しょくぶつ》は、二酸化炭素《にさんかたんそ》も出《だ》すが、光合成《こうごうせい》によってつくり出《だ》される酸素《さんそ》の方《ほう》が多《おお》い。酸素《さんそ》がなくては、生《い》き物《もの》は生《い》きられない。植物《しょくぶつ》は、人間《にんげん》や動物《どうぶつ》にとって、なくてはならない存在《そんざい》だといえるのだ。

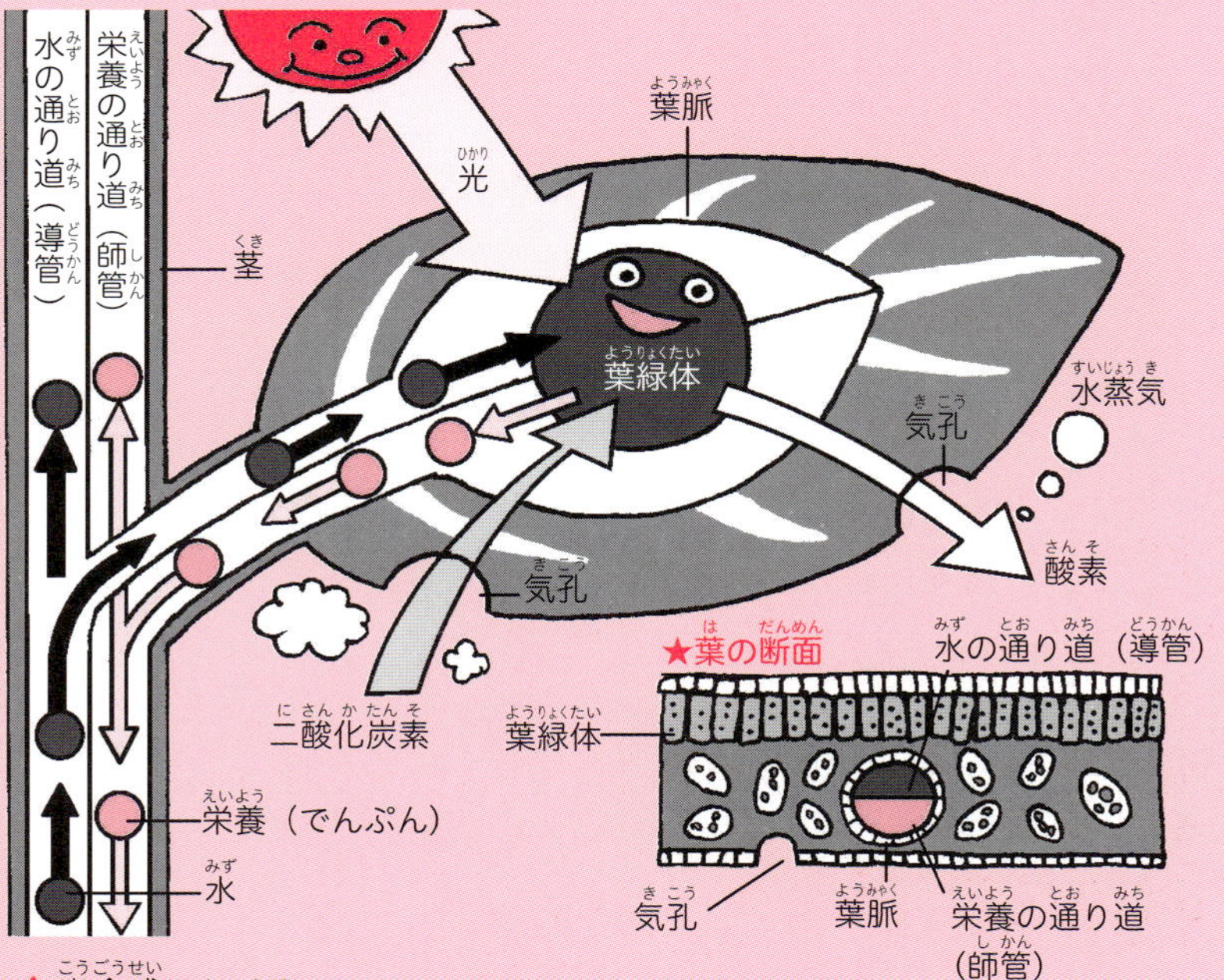

▲光合成《こうごうせい》のしくみ

光合成《こうごうせい》をしない植物《しょくぶつ》もある？

自分《じぶん》では光合成《こうごうせい》をおこなわず、他《ほか》の植物《しょくぶつ》にくっついて栄養《えいよう》をとる「寄生植物《きせいしょくぶつ》」という植物《しょくぶつ》がいる。世界最大《せかいさいだい》の花《はな》として有名《ゆうめい》なラフレシアも、寄生植物《きせいしょくぶつ》のひとつだ。

自分《じぶん》で光合成《こうごうせい》もするけれど、他《ほか》の植物《しょくぶつ》から栄養《えいよう》ももらう「半寄生植物《はんきせいしょくぶつ》」というのもいる。お香《こう》に使《つか》われる「白檀《びゃくだん》」は、この半寄生植物《はんきせいしょくぶつ》だ。

すべての植物《しょくぶつ》が光合成《こうごうせい》をしない世界《せかい》

では、一部《いちぶ》ではなくすべての植物《しょくぶつ》が光合成《こうごうせい》をしなくなると、どうなるのだろう。まず、酸素《さんそ》をつくり出《だ》せなくなるので、人間《にんげん》をはじめとする生《い》き物《もの》は死《し》活問題《かつもんだい》となるだろう。また、光合成《こうごうせい》でつくられた栄《えい》養《よう》によってできる、ジャガイモやニンジンなどの野《や》菜《さい》がとれなくなるので、食糧難《しょくりょうなん》になるかもしれない。

光合成《こうごうせい》をする生《い》き物《もの》!?

光合成《こうごうせい》をするのは、実《じつ》は植物《しょくぶつ》だけではない。微生物《びせいぶつ》のミドリムシは、葉緑体《ようりょくたい》がある、植物《しょくぶつ》のような動物《どうぶつ》のような生《い》き物《もの》。

また、海藻《かいそう》から葉緑体《ようりょくたい》を取《と》りこんで光合成《こうごうせい》をするウミウシや、親《おや》から藻類《そうるい》をもらって光合成《こうごうせい》をするサンショウウオもいる。世《よ》の中《なか》には、不《ふ》思議《しぎ》な生《い》き物《もの》がたくさんいるのだ。

コノハミドリガイというウミウシの仲間《なかま》。補助的《ほじょてき》なエネルギーとして、光合成《こうごうせい》で栄養《えいよう》をつくる。

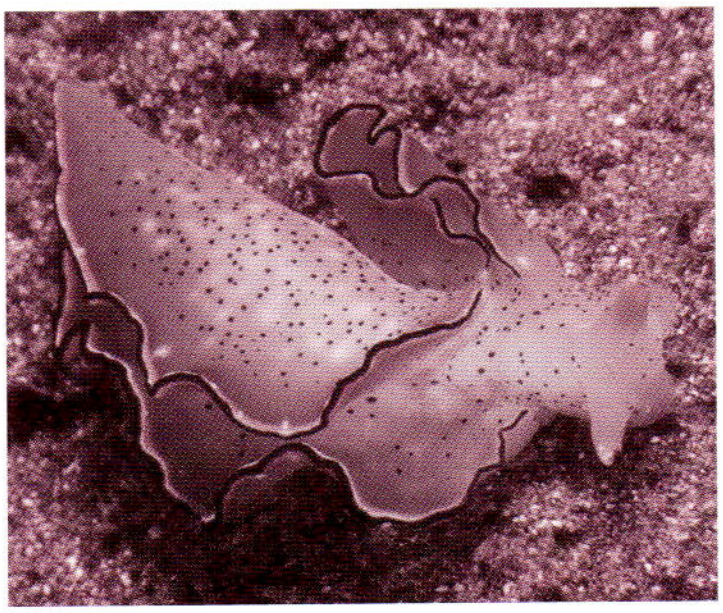

（写真／©jeremykeithbrown-fotolia）

植物《しょくぶつ》に花《はな》がさかなかったら?

花《はな》の本当《ほんとう》の役割《やくわり》?

わたしたちを楽《たの》しませてくれる、色《いろ》とりどりの花《はな》。でも、花《はな》の本当《ほんとう》の役割《やくわり》は、種《たね》をつくり、子孫《しそん》をふやしていくことだ。

花《はな》には、めしべとおしべがある。花《はな》びらは、このおしべとめしべを守《まも》り、花粉《かふん》を運《はこ》ぶ虫《むし》や動物《どうぶつ》たちの目《め》じるしになる役割《やくわり》をしている。

めしべにおしべの花粉《かふん》がつくと、種《たね》ができる。野《や》菜《さい》やくだものなどの実《み》は、種《たね》を守《まも》り、芽《め》を出《だ》す場所《ばしょ》へかくじつに種《たね》を運《はこ》ぶためにあるのだ。

すべては、無事《ぶじ》に種《たね》をつけて子孫《しそん》をのこすため。そのために、花《はな》はきれいな色《いろ》をつけ、小《ちい》さな花《はな》や大《おお》きな花《はな》になったり、さまざまな工夫《くふう》をしているのだ。

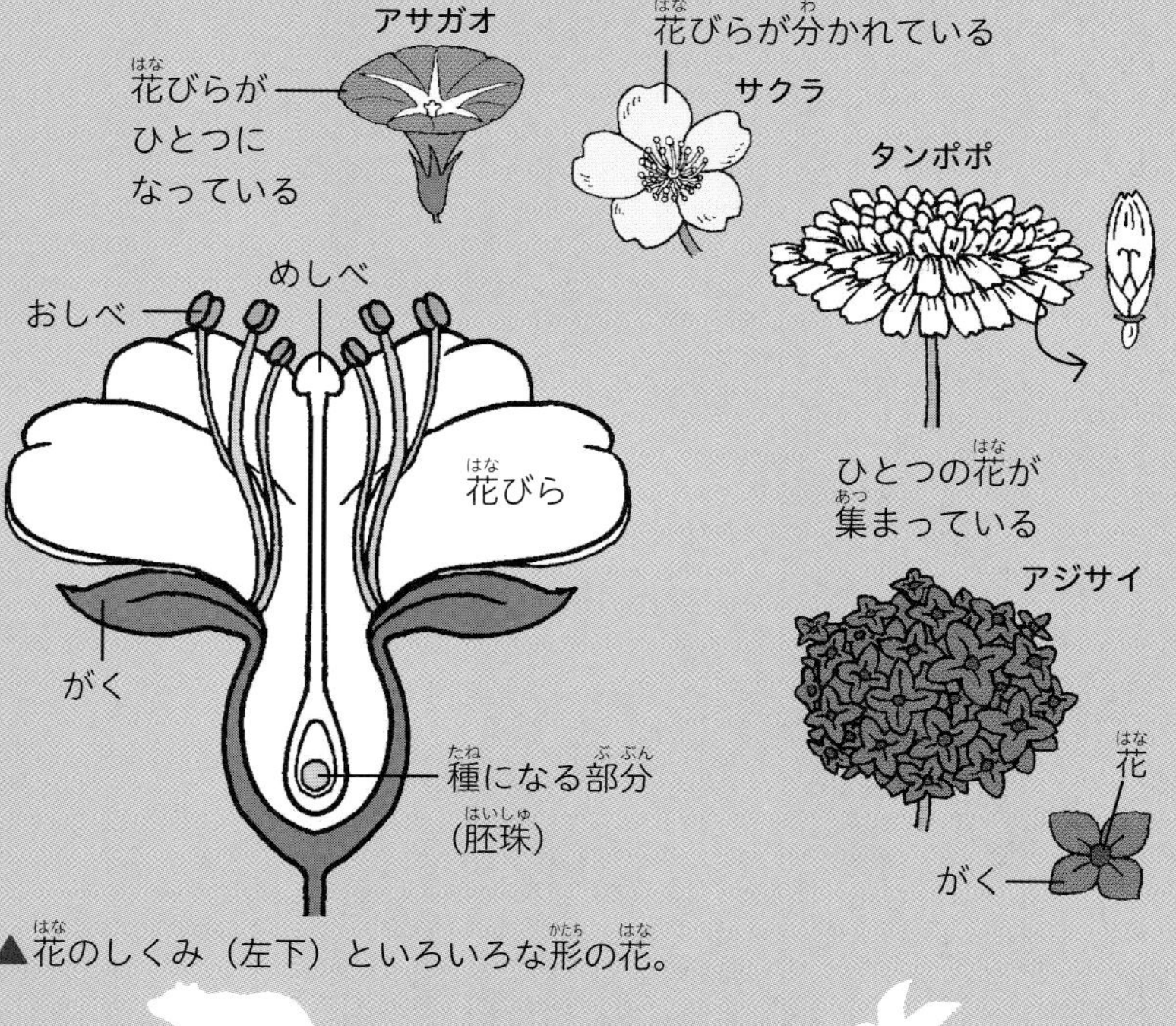

▲花《はな》のしくみ(左下)といろいろな形《かたち》の花《はな》。

ただし、現在《げんざい》では、品種改良《ひんしゅかいりょう》によって実《み》や種《たね》がつかなかったり、まわりに同《おな》じ種類《しゅるい》の植物《しょくぶつ》がなく、受粉《じゅふん》ができないため、ふえない場合《ばあい》もある。

● 花《はな》がさかなくなると？

すべての花《はな》がさかなくなると、多《おお》くの植物《しょくぶつ》は実《み》をつけず、種《たね》もないので子孫《しそん》がふえない。ほとんどの植物《しょくぶつ》がたえてしまうだろう。

花《はな》の蜜《みつ》や花粉《かふん》を集《あつ》めるミツバチなどの虫《むし》たちも、食《た》べ物《もの》がなくなり死《し》んでしまうかもしれない。虫《むし》が死《し》にたえると、それを食《た》べていた鳥《とり》などが食糧難《しょくりょうなん》になるだろう。代《か》わりの食《た》べ物《もの》を見《み》つけるだろうが、うばい合《あ》いになることはまちがいない。

また、花《はな》がないので花屋《はなや》は閉店《へいてん》するしかないし、花束《はなたば》は造花《ぞうか》だけになるだろう。ヒマワリやアサガオの観察《かんさつ》もできなくなる。あたたかい春《はる》になっても梅《うめ》も桜《さくら》もさかず、味気《あじけ》ない風景《ふうけい》が広《ひろ》がるのだ。

● 花《はな》をつけない植物《しょくぶつ》

花《はな》がさかないのは味気《あじけ》ないが、実《じつ》は、花《はな》をつけない植物《しょくぶつ》もいる。4億年以上《おくねんいじょう》も昔《むかし》からあるというシダ植物《しょくぶつ》は、種《たね》ではなく胞子《ほうし》でふえる。コケ類《るい》や海《うみ》のなかの植物《しょくぶつ》である海藻《かいそう》も、胞子《ほうし》でふえる植物《しょくぶつ》だ。

また、つぼみはつけるが、花《はな》をさかせないクロシマヤツシロランという植物《しょくぶつ》もある。植物《しょくぶつ》とひと口《くち》にいっても、実《じつ》にさまざまなのだ。

▲シダ

▼コケ

生き物

もしも
case
10

サケが生《う》まれた川《かわ》をわすれたら？

● サケは生《う》まれた川《かわ》へもどる

サケは川《かわ》で生《う》まれ、赤《あか》ちゃんから子《こ》どもになると、海《うみ》へと泳《およ》いでいく。そして大人《おとな》になり、産卵時期《さんらんじき》になると川《かわ》をさかのぼって、自分《じぶん》が生《う》まれた場所《ばしょ》へもどってくる。

サケは、自分《じぶん》の生《う》まれた川《かわ》のにおいをおぼえているといわれ、においをたよりに、太陽《たいよう》の場所《ばしょ》や地球《ちきゅう》の磁気《じき》も手《て》がかりにしてもどって来《く》るのだという。

● もどらなかったらどうなる？

もしもサケが生《う》まれた川《かわ》をわすれたら、川《かわ》にもどれず、産卵《さんらん》もできないかもしれない。そうなると、サケの子孫《しそん》はたえてしまうだろうし、サケを食《た》べていた生《い》き物《もの》はこまるだろう。

はたして、そうなる可能性《かのうせい》はあるのだろうか。太《たい》陽《よう》に何《なん》らかの変化《へんか》があったり、何《なん》らかの理由《りゆう》によって地球《ちきゅう》の磁気《じき》に変化《へんか》があると、ひょっとして、生《う》まれた川《かわ》をわすれてしまうかもしれない。

生《い》き物《もの》

もしも case 11

クマが冬眠《とうみん》をしなくなったら？

なぜ、冬眠《とうみん》をするのか

野生《やせい》のクマは、ほとんどの種類《しゅるい》が冬《ふゆ》の間《あいだ》をほらあなや木《き》のあなですごす。秋《あき》の間《あいだ》にたっぷり食《た》べ、寒《さむ》くて食料《しょくりょう》の少《すく》ない季節《きせつ》を乗《の》りこえるために冬眠《とうみん》をするのだ。冬眠中《とうみんちゅう》は何《なに》も食《た》べないし、うんちやおしっこもしないのだという。メスのクマはこのあなで子《こ》どもをうみ、春《はる》まで子育《こそだ》てをする。

冬眠《とうみん》しないとどうなるの？

すべてのクマが冬眠《とうみん》をしなくなったら、どうなるのだろう。ただでさえわずかしかない食料《しょくりょう》をうばい合《あ》うことになると、他《ほか》の動物《どうぶつ》も食《た》べ物《もの》にこまってしまうだろう。食《た》べ物《もの》にこまったクマは、人《ひと》のいる場《ば》所《しょ》へおりてきて、家《いえ》や畑《はたけ》をあらすことになる。そうなると、事故《じこ》がふえてしまうかもしれない。

冬眠《とうみん》をすることは、クマにとっても、他《ほか》の動物《どうぶつ》や人間《にんげん》にとっても大切《たいせつ》なのだ。

冬眠《とうみん》をしないクマ

実《じつ》は、動物園《どうぶつえん》のクマは冬眠《とうみん》をしないことが多《おお》い。野生《やせい》のクマは、秋《あき》にたっぷり食《た》べて皮下脂肪《ひかしぼう》をつける。しかし、動物園《どうぶつえん》のクマは食《た》べる量《りょう》が一定《いってい》なので、皮下脂肪《ひかしぼう》はつかない。皮下脂肪《ひかしぼう》がたくわえられると、冬眠《とうみん》するためのスイッチが入《い》り、冬眠《とうみん》をするのだ。

また、東南《とうなん》アジアの森林《しんりん》にいるマレーグマはあたたかい場所《ばしょ》にすんでいるため、冬眠《とうみん》はしないのだという。

ミニミニもしも

もしも……鳥《とり》がいなくなったら？

スズメやカラスなどの鳥《とり》。いつもどこかにいるような気《き》がしているが、もしも、まったく鳥《とり》がいなくなったらどうなるだろう？

鳥《とり》は、木《き》の実《み》や小《ちい》さな虫《むし》、小魚《こざかな》などを食《た》べている。木《き》の実《み》を食《た》べてうんちをすることで、種《たね》を遠《とお》くに運《はこ》び、害虫《がいちゅう》となる虫《むし》も食《た》べてくれるのだ。

もしも鳥《とり》がいなかったら、敵《てき》がいないのだから、害虫《がいちゅう》はふえる一方《いっぽう》だろう。実際《じっさい》に、すみかである森《しん》林《りん》がなくなり、川《かわ》がよごれて食《た》べる魚《さかな》がいなくなり、鳥《とり》もいなくなってしまったこともあるという。鳥《とり》がいなくなったため、虫《むし》が大量発生《たいりょうはっせい》し、農作物《のうさくもつ》を食《く》いあらしてしまったそうだ。

もしも……ニワトリが空《そら》をとんだら？

自由《じゆう》に空《そら》をとぶ鳥《とり》たち。しかし、鳥《とり》の仲間《なかま》にもとべない鳥《とり》もいる。ニワトリ、ペンギン、ダチョウなどがそうだ。

もしもニワトリが空《そら》をとべたら……。まず、放《はな》し飼《が》いにするには、よほどうまくニワトリを手《て》なづけないと、あっという間《ま》に大空《おおぞら》へとんで行《い》ってしまうだろう。飼育小屋《しいくごや》にいるニワトリでも、何《なに》かのすきににげだしたらたいへんだ。だんだん、食《た》べられるとり肉《にく》の量《りょう》もへってくるかもしれない。

もしも……シロクマの毛《け》をそったら？

動物園《どうぶつえん》の人気者《にんきもの》、真《ま》っ白《しろ》なシロクマ（ホッキョクグマ）。真《ま》っ白《しろ》な毛《け》をそってみると……なんと真《ま》っ黒《くろ》！ 寒《さむ》い北極《ほっきょく》でくらしているので、太陽《たいよう》の熱《ねつ》をたくさん吸収《きゅうしゅう》して体《からだ》を温《あたた》めるために、真《ま》っ黒《くろ》な皮《ひ》ふをしているのだ。

真《ま》っ白《しろ》なシロクマの毛《け》にも、ひみつがある。実《じつ》は、白《しろ》く見《み》える毛《け》は、すべてとうめいなのだ。毛《け》の中《なか》は空《くう》どうになっていて、光《ひかり》が当《あ》たると白《しろ》く見《み》える。太《たい》陽《よう》の光《ひかり》を皮《ひ》ふまでとどけ、体《からだ》を温《あたた》めるためだ。

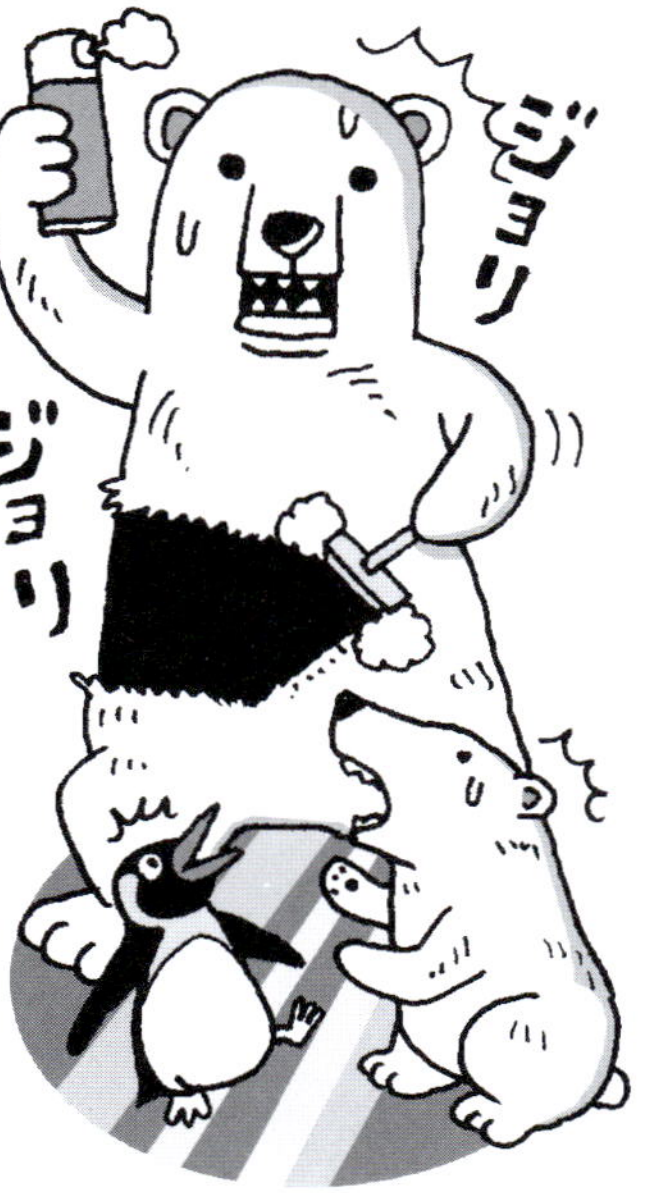

他《ほか》にも、意外《いがい》な皮《ひ》ふの色《いろ》をした動物《どうぶつ》がいる。パンダは白《しろ》と黒《くろ》の毛《け》だが、どの部分《ぶぶん》もすべてピンクっぽい皮《ひ》ふの色《いろ》だそうだ。シマウマは、シマシマではなく、すべて灰色《はいいろ》っぽい皮《ひ》ふの色《いろ》だという。なぜ、同《おな》じ皮《ひ》ふの色《いろ》なのにちがう色《いろ》の毛《け》が生《は》えているのか、くわしいことはわかっていないそうだ。

もしも……魚《さかな》がいなくなったら？

世界中《せかいじゅう》の海岸《かいがん》という海岸《かいがん》に、ものすごい数《かず》の魚《さかな》が死《し》んで打《う》ちよせられている……ということが起《お》きたら、どうなるのだろうか。

魚《さかな》を食《た》べている海鳥《うみどり》やアザラシなどの生《い》き物《もの》は死《し》にたえるだろう。漁師《りょうし》や魚屋《さかなや》は仕事《しごと》をうしない、おすしもツナ缶《かん》も食《た》べられない。そして、海《うみ》のなかには、プランクトンなどがどんどんふえてにごり、海《うみ》のようすはかわってしまうだろう。

もしも……木《き》と話《はな》せたら？

人間《にんげん》よりもはるかに長《なが》い年月《ねんげつ》を生《い》きている木々《きぎ》。屋久島《やくしま》の縄文杉《じょうもんすぎ》は、7000年《ねん》以上《いじょう》も生《い》きているという。こんな木々《きぎ》が、人間《にんげん》の言葉《ことば》を話《はな》すことができたら、どうなるだろう。

はるか昔《むかし》のできごとを語《かた》ってくれるかもしれないし、いい話《はな》し相手《あいて》になってくれるかもしれない。

もしも……クジラのおなかに入《はい》れたら？

シロナガスクジラは、もっとも大《おお》きなほ乳類《にゅうるい》。体《たい》長《ちょう》33m以上《いじょう》あるものもいるのだ。だいたい、25mのプールと同《おな》じくらいの大《おお》きさだ。

シロナガスクジラは、人間《にんげん》が余裕《よゆう》で入《はい》れる胃《い》を4つも持《も》っていて、腸《ちょう》は150mもある。

もしも、シロナガスクジラのおなかに入《はい》れたら、出口《でぐち》であるこうもんまでたどり着《つ》く前《まえ》に、へとへとにつかれるだろうし、何《なに》より胃酸《いさん》で体《からだ》がとけてしまうにちがいない。

残念《ざんねん》ながら、物《もの》語《がたり》にあるようにクジラのおなかのなかでくらしたり、飲《の》みこまれて自力《じりき》で脱出《だっしゅつ》したりすることはむずかしいといえるだろう。

第《だい》3章《しょう》 人《にん》間《げん》のもしも……

人間《にんげん》

もしも case 1

死《し》なない薬《くすり》ができたら？

マンガ／荻《おぎ》なつみ

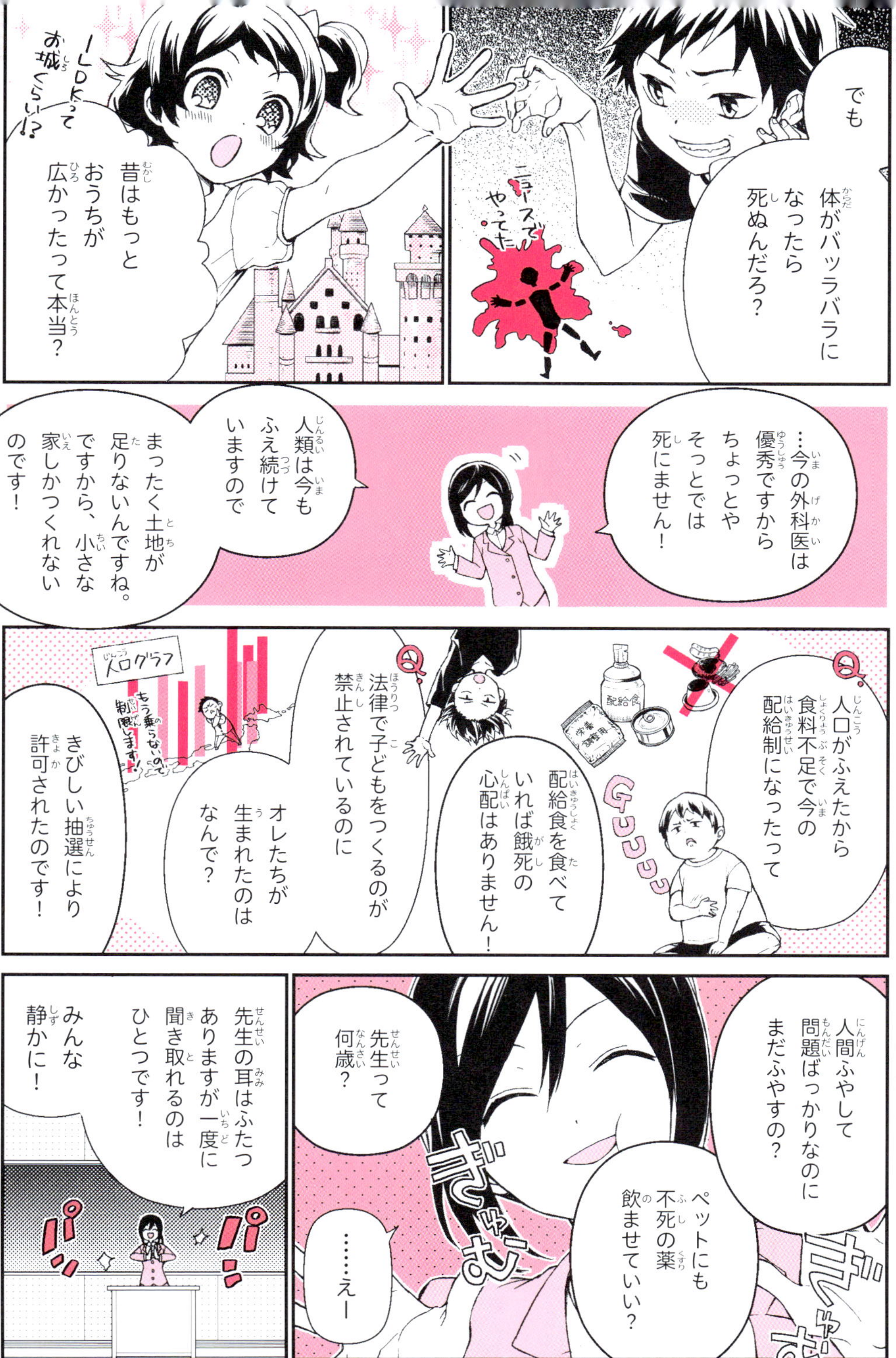

でも
体《からだ》がバッラバラになったら死《し》ぬんだろ？
ニュースでやってた
昔《むかし》はもっとおうちが広《ひろ》かったって本当《ほんとう》？
1LDKってお城《しろ》くらい!?
…今《いま》の外科医《げかい》は優秀《ゆうしゅう》ですからちょっとやそっとでは死《し》にません！
人類《じんるい》は今《いま》もふえ続《つづ》けていますので
まったく土地《とち》が足《た》りないんですね。ですから、小《ちい》さな家《いえ》しかつくれないのです！
Q. 人口《じんこう》がふえたから食料不足《しょくりょうぶそく》で今《いま》の配給制《はいきゅうせい》になったって
配給食
配給食《はいきゅうしょく》を食《た》べていれば餓死《がし》の心配《しんぱい》はありません！
Q 法律《ほうりつ》で子《こ》どもをつくるのが禁止《きんし》されているのに
オレたちが生《う》まれたのはなんで？
人口《じんこう》グラフ
もう乗《の》らないので制限《せいげん》します！
きびしい抽選《ちゅうせん》により許可《きょか》されたのです！
人間《にんげん》ふやして問題《もんだい》ばっかりなのにまだふやすの？
ペットにも不死《ふし》の薬《くすり》飲《の》ませていい？
先生《せんせい》って何歳《なんさい》？
……えー
先生《せんせい》の耳《みみ》はふたつありますが一度《いちど》に聞《き》き取《と》れるのはひとつです！
みんな静《しず》かに！
パン
パン

はーい
先生《せんせい》
キーンコーン
カーンコーン♪
おっと
休《やす》み時間《じかん》ですね
休《やす》み時間《じかん》ってしゃべる以外《いがい》することないよな
子《こ》どもが少《すく》ないから
家《いえ》もバラバラだもん
外《そと》で遊《あそ》びたいなー
ぎょ
なあ見《み》ろよこの写真《しゃしん》

しわくちゃじゃん！
オエーッ
何《なに》それ！
人間《にんげん》だよ
不死《ふし》になる前《まえ》は100年《ねん》経《た》たずにこうなって死《し》んでたんだって
先生《せんせい》は知《し》ってた？
知識《ちしき》の上《うえ》では！
サッ
本当《ほんとう》は見《み》たこともあるんですが
わたし知《し》ってる！
生《い》き物《もの》は長《なが》く生《い》き過《す》ぎると妖怪《ようかい》になっちゃうんだって
それだな！
わかさってこわい……
オブラートにつつんでくださーい
心《こころ》の壁《かべ》
うわー……
ぼくたち、不老不死《ふろうふし》でよかった〜

オ帰《かえ》リナサイマセ
"おふろ"
BATHROOM
殺菌消毒《さっきんしょうどく》シマス
何号室《なんごうしつ》へ
マイリマスカ
10542号室《ごうしつ》
ギィ
毎日出荷《まいにちしゅっか》され
回収《かいしゅう》され
ご苦労様《くろうさま》です
ピッ
どうも
おとなりさん
あんたの顔《かお》も
見《み》あきたねえ
そっちが
引《ひ》っこして
くださいよ

本日《ほんじつ》ノ配給食《はいきゅうしょく》デス
チー
妖怪《ようかい》か
あのおじいちゃんおばあちゃんより
わたしの方《ほう》がよっぽど年《とし》とってますよ
臨時《りんじ》ニュースです
深刻《しんこく》な問題《もんだい》となっていた
人口増大《じんこうぞうだい》による食料《しょくりょう》・住居不足《じゅうきょぶそく》などの問題《もんだい》について
NEWS
世界政府《せかいせいふ》による寿命上《じゅみょうじょう》
世界政府《せかいせいふ》は一定年齢《いっていねんれい》にたっした市民《しみん》を死亡《しぼう》させる法律《ほうりつ》を制定《せいてい》する方針《ほうしん》をしめしており―
……わたし
今年《ことし》で何歳《なんさい》だっけ……
長《なが》く生《い》きすぎた「人間《ようかい》」は
「死《し》んでください」といわれる時代《じだい》になっていくのです

人類共通《じんるいきょうつう》の夢《ゆめ》？　不老不死《ふろうふし》

人類《じんるい》が誕生《たんじょう》してからこれまでに、多《おお》くの人《ひと》が不老《ふろう》不死《ふし》を夢見《ゆめみ》てきた。中国《ちゅうごく》の歴史書《れきししょ》『史記《しき》』には、秦《しん》の始皇帝《しこうてい》が不老不死《ふろうふし》をもとめ、逆《ぎゃく》に死期《しき》を早《はや》めたという記録《きろく》もある。日本《にほん》でも、人魚《にんぎょ》の肉《にく》を食《た》べると不《ふ》老不死《ろうふし》になるといういいつたえがのこっている地域《ちいき》があるし、世界中《せかいじゅう》に不老不死《ふろうふし》をもとめる物語《ものがたり》があるのだ。

不老不死《ふろうふし》は、今《いま》も昔《むかし》も、人類共通《じんるいきょうつう》の夢《ゆめ》といっていいだろう。

人《ひと》は不死《ふし》になれるのだろうか

では、人間《にんげん》は不老不死《ふろうふし》になれるのだろうか。残念《ざんねん》ながら、今《いま》（２０１６年現在《ねんげんざい》）の技術《ぎじゅつ》では無理《むり》である。

しかし、不老不死《ふろうふし》の研究《けんきゅう》をしている人《ひと》は世界中《せかいじゅう》にいる。イギリスのとある博士《はかせ》は、条件《じょうけん》をクリアできれば、20年後《ねんご》には人類《じんるい》は不老不死《ふろうふし》になる、と主張《しゅちょう》しているとか。その博士《はかせ》はこういうのだ。

「きずついた細胞《さいぼう》を薬《くすり》や治療《ちりょう》でなおすことができれば、老化《ろうか》も病気《びょうき》もしなくなる。それをつづけることができれば、人《ひと》は永遠《えいえん》に生《い》きることができるのだ」

本当《ほんとう》にそんな時代《じだい》がやってくるのだろうか……。

不老不死《ふろうふし》になれたとしたら

もしも、不死《ふし》になることができたとしたら、どんなことが起《お》きるだろうか。

だれもが不死《ふし》になった場合《ばあい》、人口《じんこう》が爆発的《ばくはつてき》にふえるだろう。子《こ》どもの人数《にんずう》に制限《せいげん》ができたり、一定《いってい》の年齢《ねんれい》になると強制的《きょうせいてき》に死亡《しぼう》させたり、おそろしい法律《ほうりつ》ができるかもしれない。また、住《す》まいや食料《しょくりょう》の問題《もんだい》も深刻《しんこく》になってくるだろう。

では、ごく一部《いちぶ》の人《ひと》だけが不死《ふし》になった場合《ばあい》はどうだろうか。

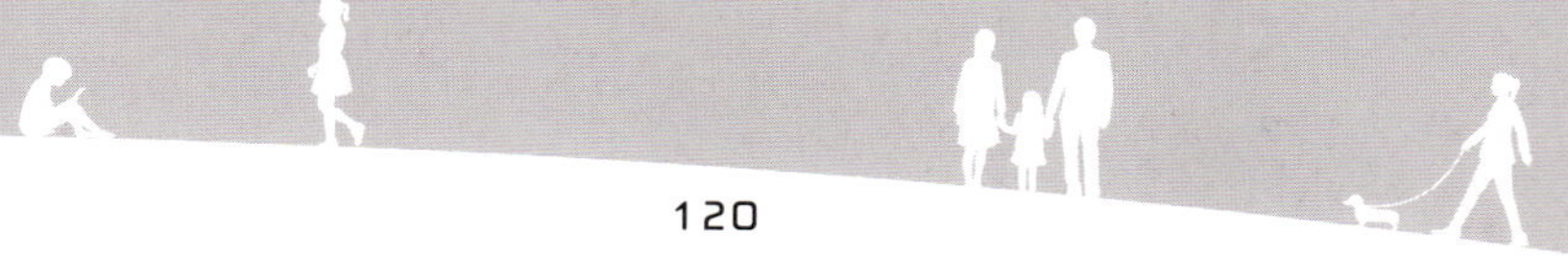

まず、自分《じぶん》のごく親《した》しい人《ひと》や家族《かぞく》が死《し》んでしまうと、ひとりぼっちになってしまう。また、永遠《えいえん》に生《い》きるわけだから、何千年後《なんぜんねんご》か、まわりの人間《にんげん》が進化《しんか》しても自分《じぶん》だけは古《ふる》いままかもしれない。それに、不老不死《ふろうふし》だとばれてしまうと、不老不死《ふろうふし》になりたい人間《にんげん》に命《いのち》をねらわれるかもしれない。

人類《じんるい》の永遠《えいえん》の夢《ゆめ》である「不老不死《ふろうふし》」も、バラ色《いろ》ではないのだ。

●人間《にんげん》の寿命《じゅみょう》と人口《じんこう》の関係《かんけい》

昔《むかし》にくらべると、日本人《にほんじん》の寿命《じゅみょう》はおどろくほどのびている。かつては「人生《じんせい》50年《ねん》」だったのが、今《いま》の平均寿命《へいきんじゅみょう》は男女《だんじょ》とも80歳《さい》をこえているのだ。

下《した》のグラフを見《み》てみよう。日本人《にほんじん》の人口《じんこう》はゆるやかにへってきているが、世界《せかい》の人口《じんこう》は確実《かくじつ》にふえている。まさに、「もしもの世界《せかい》」を今《いま》、我々《われわれ》は生《い》きているのかもしれない……。

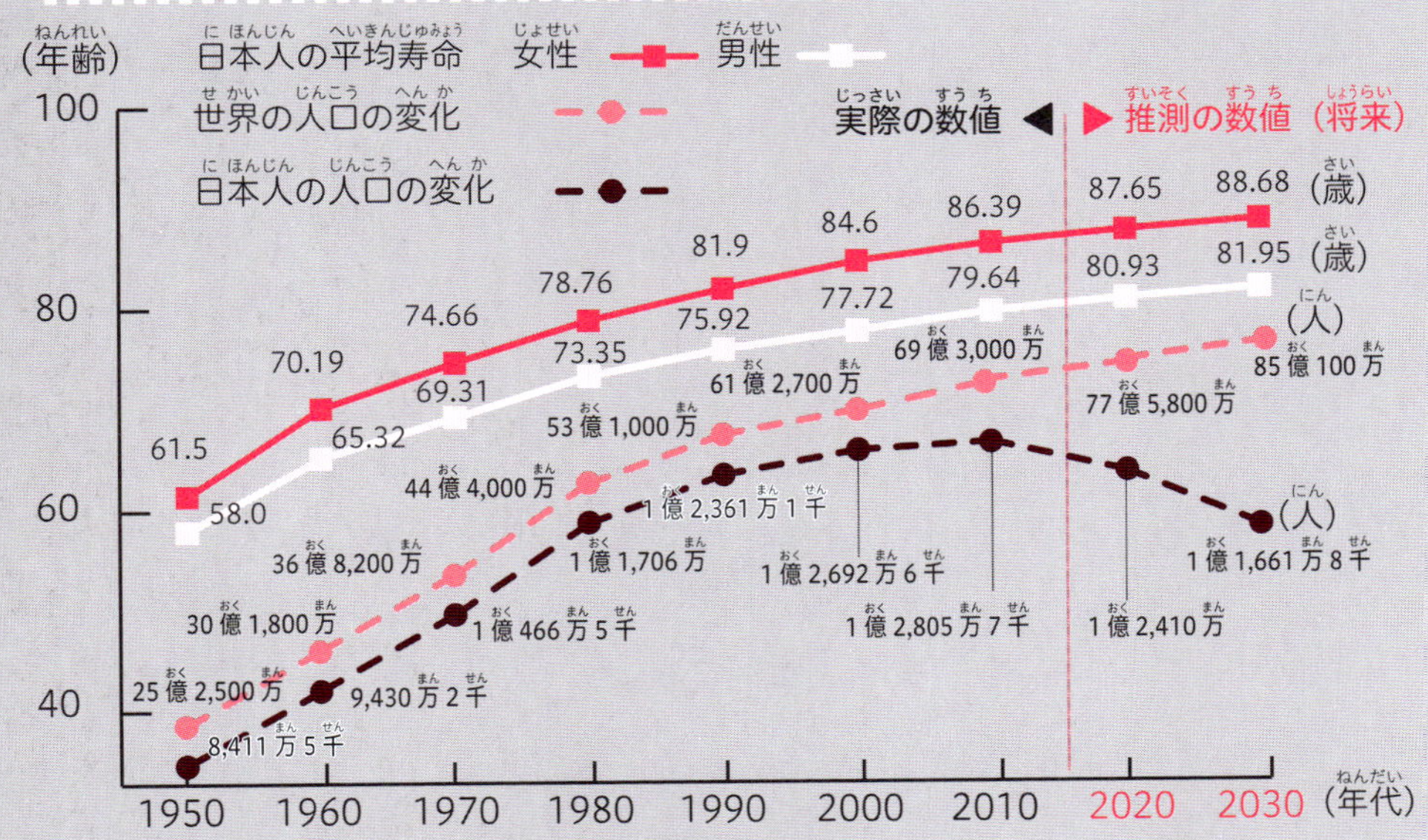

▲日本人《にほんじん》の平均寿命《へいきんじゅみょう》と、世界《せかい》と日本《にほん》の人口《じんこう》の変化《へんか》

(平均寿命《へいきんじゅみょう》は、1950・2010年《ねん》は厚生労働省《こうせいろうどうしょう》「簡易生命表《かんいせいめいひょう》」、1960-2000年《ねん》は厚生労働省《こうせいろうどうしょう》「完全生命表《かんぜんせいめいひょう》」、2020年以降《ねんいこう》は国《こく》立社会保障《りつしゃかいほしょう》・人口問題研究所《じんこうもんだいけんきゅうしょ》「日本《にほん》の将来推計人口《しょうらいすいけいじんこう》」による。人口《じんこう》のうつりかわりは、いずれも総務省統計局《そうむしょうとうけいきょく》による。)

人間《にんげん》

もしも case 2

人間《にんげん》が今《いま》より進化《しんか》するとしたら？

キーン…コーン…

カーン…コーン…

「あいつら、もう3階《かい》に行《い》ってるよ。」

「おれたちも早《はや》く行《い》こうぜ！」

シュパッ！

少年《しょうねん》たちは軽々《かるがる》ととび立《た》ち、あっという間《ま》に1階《かい》から3階《かい》におり立《た》った。本人《ほんにん》たちも、まわりの人間《にんげん》も、何《なん》でもなかったような顔《かお》をしている。

今《いま》や人間《にんげん》は、超人的《ちょうじんてき》な体力《たいりょく》をそなえ、平均身長《へいきんしんちょう》が2mをこえるすらりとした体型《たいけい》をしている。平均的《へいきんてき》な寿命《じゅみょう》も120歳《さい》までのびた。目《め》の色《いろ》は赤《あか》く、前頭葉《ぜんとうよう》が発達《はったつ》した大《おお》きな頭《あたま》がふつうだ。

人間《にんげん》は、進化《しんか》しつづけているのだ。

大昔《おおむかし》と今《いま》、人間《にんげん》はどうちがう？

人間《にんげん》は、これから進化《しんか》するのだろうか。人類《じんるい》の歴《れき》史《し》から考《かんが》えてみることにしよう。

人類《じんるい》の遠《とお》い先祖《せんぞ》は、木《き》の上《うえ》でくらすサルの仲間《なかま》だったという。その動物《どうぶつ》が進化《しんか》し、およそ600万《まん》年前《ねんまえ》、最初《さいしょ》の人類《じんるい》がアフリカ大陸《たいりく》にあらわれたのだ。それから、古《ふる》い順《じゅん》に、猿《えん》人《じん》、原人《げんじん》、旧人《きゅうじん》、新人《しんじん》とおよそ4種《しゅ》の人類《じんるい》があらわれている。

およそ440万年前《まんねんまえ》にいた「ラミダス猿人《えんじん》」は、身《しん》長《ちょう》およそ120㎝。2本足《ほんあし》で歩《ある》きはじめたころで、手《て》が長《なが》く、足《あし》でものをつかめるなど、木《き》の上《うえ》でくらすこともできる体《からだ》だった。脳《のう》の体積《たいせき》は、今《いま》のわたしたちの4分《ぶん》の1ほどだったという。

▼人類《じんるい》の歴史《れきし》

およそ160万年前《まんねんまえ》にいた原人《げんじん》ホモ・エレクトスはわたしたちと同《おな》じくらいの身長《しんちょう》があり、体《からだ》つきもよく似《に》ていた。ただし、脳《のう》の体積《たいせき》は今《いま》のわたしたちの3分《ぶん》の2ほどだったそうだ。

その後《ご》、およそ20万年前《まんねんまえ》、アフリカ大陸《たいりく》に、わたしたち「新人《しんじん》」があらわれた。このように、ひと口《くち》に人類《じんるい》といっても、数百万年《すうひゃくまんねん》の間《あいだ》に、骨格《こっかく》や身長《しんちょう》、脳《のう》の大《おお》きさなどが大《おお》きく変化《へんか》しているのだ。

人間《にんげん》はこれから進化《しんか》をするのか

人類《じんるい》は、まっすぐに2本《ほん》の足《あし》で立《た》つようになって、発達《はったつ》した大《おお》きな脳《のう》をささえることができるようになり、前足《まえあし》（手《て》）で道具《どうぐ》をつくるようになった。このように進化《しんか》したことで、他《ほか》の動物《どうぶつ》とはちがうくらし方《かた》をするようになったのだ。

人類《じんるい》はこの先《さき》、どのように進化《しんか》するのだろうか。頭《あたま》を使《つか》うことがさらにふえるので脳《のう》はより大《おお》きくなり、かたいものを食《た》べないのであごが細《ほそ》っていく、と考《かんが》える人《ひと》もいるが、実《じつ》はあまりわかっていない。

●進化《しんか》する生《い》き物《もの》・しない生《い》き物《もの》

人類《じんるい》は数百万年《すうひゃくまんねん》の間《あいだ》に大《おお》きく進化《しんか》し、姿《すがた》や形《かたち》、くらし方《かた》をかえた。クジラは、およそ5000万年《ねん》前《まえ》、水辺《みずべ》にいたカバの仲間《なかま》が進化《しんか》して、海《うみ》でくらすようになった動物《どうぶつ》だ。多《おお》くの生《い》き物《もの》は進化《しんか》しつづけているのだ。

一方《いっぽう》、長《なが》い年月《ねんげつ》がたっても、ほとんど姿《すがた》をかえずに生《い》きつづけている生《い》き物《もの》もいて、「生《い》きた化石《かせき》」とよばれる。化石《かせき》からわかる大昔《おおむかし》の姿《すがた》と、今《いま》の姿《すがた》がそっくりだからこうよばれている。有名《ゆうめい》な「生《い》きた化石《かせき》」には、シーラカンス、カブトガニ、オウムガイ、ゴキブリ、イチョウ（植物《しょくぶつ》）などがいる。

生《い》きた化石《かせき》！ シーラカンス

シーラカンスは、およそ4億年前《おくねんまえ》にあらわれた原始的《げんしてき》な魚《さかな》だ。6600万年前《ねんまえ》に恐竜《きょうりゅう》とともにほろんだと考《かんが》えられていたが、1938年《ねん》に南《みなみ》アフリカの海《うみ》で生《い》きているものが発見《はっけん》され、世界中《せかいじゅう》をおどろかせた。

その後《ご》、インド洋《よう》のコモロ諸島《しょとう》やインドネシアのスラウェシ島近海《とうきんかい》でも発見《はっけん》されている。シーラカンスは、恐竜《きょうりゅう》がほろんだとき、深海《しんかい》に生息《せいそく》していたなどの理由《りゆう》で絶滅《ぜつめつ》をまぬがれ、そのままの姿《すがた》で生《い》きのびてきたのだろうと考《かんが》えられている。

人間《にんげん》

もしも
case
3

人間《にんげん》が絶滅《ぜつめつ》したら？

ジリジリジリ…

てりつける太陽《たいよう》の下《もと》、街《まち》はセミの声《こえ》と鳥《とり》やイヌ、ネコの鳴《な》き声《ごえ》だけしかしない。電車《でんしゃ》の音《おと》も、車《くるま》の音《おと》も、人々《ひとびと》の声《こえ》も聞《き》こえないのだ。道路《どうろ》にはこわれた車《くるま》が転《ころ》がり、あれはてて、くずれたビルがたちならぶ……。

この街《まち》だけではない。日本中《にほんじゅう》、いや世界中《せかいじゅう》から人間《にんげん》だけがいなくなったのだ。人間《にんげん》にかわり、わがもの顔《かお》で街《まち》を歩《ある》き、食《た》べ物《もの》をあさるのは動物《どうぶつ》たちだ。

なぜ人間《にんげん》だけが死《し》にたえたのだろうか。その理由《りゆう》を解明《かいめい》するものは、誰《だれ》もいない……。

もしも

人間《にんげん》だけが絶滅《ぜつめつ》するとしたら？

人間《にんげん》だけが感染《かんせん》し、感染《かんせん》したらかならず死《し》ぬ感染《かんせん》症《しょう》が世界中《せかいじゅう》で流行《りゅうこう》し、すべての人《ひと》が死《し》んでしまったとしよう。そのとき、街《まち》ではどんなことが起《お》こるか？

人間《にんげん》がいなくなってしばらくすると、おなかをすかせた飼《か》いネコや飼《か》いイヌが食《た》べ物《もの》をもとめてうろつくようになる。スーパーやコンビニが開《あ》いていたら、なかに入《はい》りこんで食《た》べ物《もの》をあさるだろう。

どこかにかくれていたネズミ、アライグマ、ハクビシンなどがあらわれ、人間《にんげん》の死体《したい》を食《た》べはじめる。しばらくすると、イヌやネコも野生化《やせいか》して凶暴《きょうぼう》になり、動物同士《どうぶつどうし》のあらそいがはじまる。死体《したい》や人《ひと》がのこした食《た》べ物《もの》はくさって、ハエ、ゴキブリなどがむらがるにちがいない。

街《まち》は動物《どうぶつ》の天国《てんごく》に？

やがて、いたる所《ところ》に草《くさ》が生《は》え、何年《なんねん》もたたないうちに、街《まち》は動物《どうぶつ》たちの天国《てんごく》になってしまう可能性《かのうせい》もある。街《まち》にいた動物《どうぶつ》だけではなく、山《やま》にいたクマやイノシシ、キツネ、サルなどの野生動物《やせいどうぶつ》も街《まち》にやってくるかもしれない。

人類《じんるい》のようなかしこい生《い》き物《もの》が、ふたたび地球《ちきゅう》にあらわれるかどうかはわからない。もしあらわれるとしても、それまでに、何百万年《なんびゃくまんねん》という、長《なが》い年月《ねんげつ》が必要《ひつよう》となるだろう。

多《おお》くの生《い》き物《もの》が絶滅《ぜつめつ》してきた

およそ6600万年前《ねんまえ》、直径《ちょっけい》が10㎞ほどの小《ち》さな天体《てんたい》（隕石《いんせき》※）が地球《ちきゅう》に衝突《しょうとつ》した。その結果《けっか》、大津波《おおつなみ》や森林火災《しんりんかさい》が発生《はっせい》し、まきあげられたちりが地球全体《ちきゅうぜんたい》をおおって太陽《たいよう》の光《ひかり》をさえぎった。これにより、地上《ちじょう》や海面《かいめん》の温度《おんど》が下《さ》がって植物《しょくぶつ》が育《そだ》たなくなり、それを食料《しょくりょう》としていた動物《どうぶつ》も死《し》にたえて、生《い》き物《もの》の70％が絶滅《ぜつめつ》したと考《かんが》えられている。

また、およそ2億《おく》5000万年前《まんねんまえ》には、地球史上《ちきゅうしじょう》最大《さいだい》の大絶滅《だいぜつめつ》が起《お》こった。すべての生《い》き物《もの》の90％が絶滅《ぜつめつ》したといわれる。原因《げんいん》といわれているのが、大規模《だいきぼ》な火山噴火《かざんふんか》だ。その影響《えいきょう》で6600万年前《ねんまえ》と同《おな》じような気候《きこう》の大変動《だいへんどう》が起《お》こり、多《おお》くの生《い》き物《もの》が絶滅《ぜつめつ》したというのだ。

今後《こんご》、何万年先《なんまんねんさき》か、何千万年先《なんぜんまんねんさき》かわからないが、同《おな》じようなことがかならず起《お》こるだろう。

※隕石《いんせき》の表記《ひょうき》について↓45ページ

起《お》こるかもしれない…核戦争《かくせんそう》

たとえば、ある国《くに》が戦争《せんそう》で核兵器《かくへいき》を使《つか》い、被害《ひがい》を受《う》けた国《くに》が仕返《しかえ》しに核兵器《かくへいき》を使《つか》う。これが他《ほか》の国《くに》をまきこんだ、世界的《せかいてき》な核戦争《かくせんそう》に発展《はってん》すれば、地球《ちきゅう》のすみずみまで被害《ひがい》がおよび、生《い》きのこった人《ひと》も放射能汚染《ほうしゃのうおせん》により死《し》にたえるだろう。

また、地球温暖化《ちきゅうおんだんか》による気候変動《きこうへんどう》は、各地《かくち》に日《ひ》でりや大洪水《だいこうずい》を起《お》こす。その影響《えいきょう》で食料《しょくりょう》が不足《ふそく》して社会《しゃかい》が不安定《ふあんてい》になり、内乱《ないらん》や戦争《せんそう》から世界《せかい》をまきこんだ大戦《たいせん》になれば、核兵器《かくへいき》が使《つか》われて人類《じんるい》を滅亡《めつぼう》に向《む》かわせるかもしれない。

人間《にんげん》

もしも case 4

しわや指紋《しもん》がなくなったら？

あらゆるしわをとる特効薬《とっこうやく》「しわとり薬《ぐすり》」が、完成間近《かんせいまぢか》で何者《なにもの》かにぬすまれ、全世界《ぜんせかい》にばらまかれた。

「顔《かお》のしわが消《き》えたわ！」

「夢《ゆめ》のようね！」

しかし、幸《しあわ》せな気分《きぶん》もつかの間《ま》であった。顔《かお》や体《からだ》、すべてのしわとともに、手《て》足《あし》の指紋《しもん》まで消《き》えてしまったのだ。皮《ひ》ふはあっという間《ま》にかわき、ぎゅっと手《て》をにぎるとピリピリとさけてしまう。

それだけではない。物《もの》をつかんだり、素足《すあし》で歩《ある》いたりすることが、とてもたいへんなのだ。人間《にんげん》は、専用《せんよう》の手《て》ぶくろやくつ下《した》がなければ生活《せいかつ》することができなくなってしまったのだ……。

指紋《しもん》はオンリーワン

指紋《しもん》と聞《き》くと、探偵小説《たんていしょうせつ》や推理《すいり》ドラマを思《おも》いうかべるかもしれない。実《じつ》は、指紋《しもん》は一人《ひとり》ひとりちがって、自分《じぶん》とまったく同《おな》じ指紋《しもん》を持《も》つ人間《にんげん》は世界《せかい》のどこにもいない。双子《ふたご》でも指紋《しもん》はちがう。

だから、犯行現場《はんこうげんば》にのこされた指紋《しもん》は犯罪《はんざい》の重要《じゅうよう》な手《て》がかりになるので、犯人《はんにん》は指紋《しもん》がつかないように手《て》ぶくろをはめたりするのだ。もし指紋《しもん》がなかったら、この世《よ》の中《なか》、犯罪《はんざい》もやりたいほうだいになってしまうかもしれない。

指紋《しもん》の役割《やくわり》はすべりどめ

といっても、指紋《しもん》はもともと犯罪捜査《はんざいそうさ》のためにあるわけではない。指紋《しもん》の役割《やくわり》は「すべりどめ」と考《かんが》えられてきた。手《て》で物《もの》をつかむとき、指紋《しもん》のような細《こま》かいでこぼこもようがあると、物《もの》と指先《ゆびさき》とのまさつが大《おお》きくなってすべりにくいというのだ。

指紋《しもん》のうねとうねの溝《みぞ》が、指先《ゆびさき》についた水《みず》をにがして、物《もの》をしっかりつかむのを助《たす》けるという説《せつ》もある。一方《いっぽう》、指紋《しもん》は、場合《ばあい》によっては逆《ぎゃく》にまさつをへらすはたらきをするという学者《がくしゃ》もいる。

というわけで、指紋《しもん》の役割《やくわり》については、実《じつ》はたしかなことはよくわかっていないのだ。

人間以外《にんげんいがい》では、サルやコアラなど木《き》の上《うえ》で生活《せいかつ》する動物《どうぶつ》にも、手《て》の平《ひら》や足《あし》のうらに指紋《しもん》のような模様《もよう》がある。

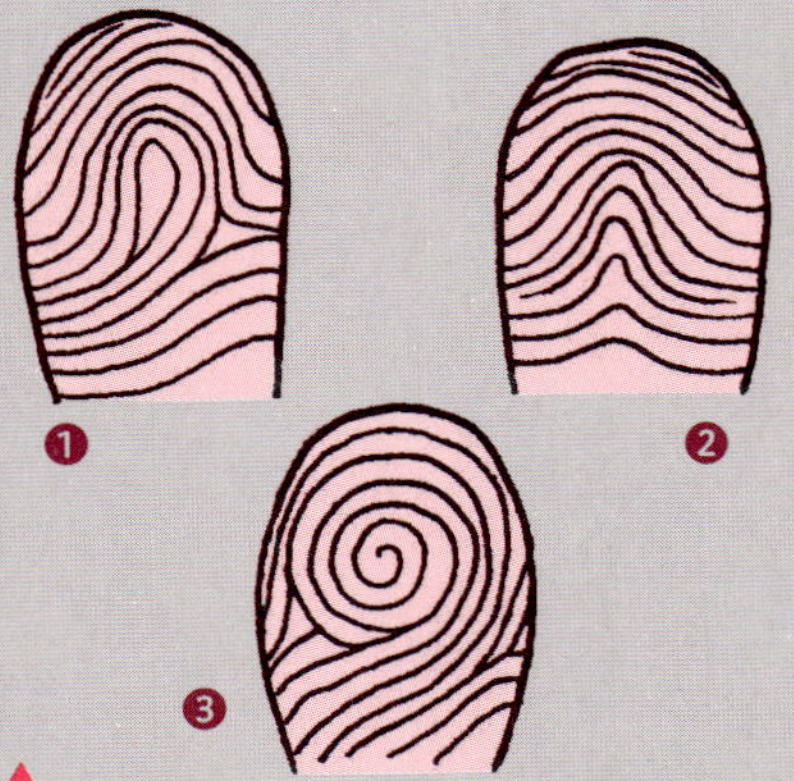

▲指紋《しもん》は、大《おお》きく分《わ》けて3種類《しゅるい》。「❶蹄《てい》状紋《じょうもん》（ひづめ形《がた》）」、「❷弓状紋《きゅうじょうもん》（弓形《ゆみがた》）」「❸渦状紋《かじょうもん》（うずまき形《がた》）」だ。指《ゆび》スタンプを押《お》して、形《かたち》を見《み》てみよう。

しわの役目《やくめ》とは？

皮《ひ》ふの内側《うちがわ》には、はだにゴムのようなはたらきをする「弾力線維《だんりょくせんい》」というものがたくさんある。そのおかげで、はだは、やわらかくはりがある。ところが、年《とし》をとるにつれて弾力線維《だんりょくせんい》がかたくなり変形《へんけい》して、のびちぢみがうまくいかなくなる。そのため、皮《ひ》ふがたるんでしわができるのだ。

おふろに入《はい》ったとき指《ゆび》にしわができるのは、皮《ひ》ふの表面《ひょうめん》をおおう※角質層《かくしつそう》というところが水《みず》をすってのびるため。皮《ひ》ふの内《うち》側《がわ》はかわらないのに、角《かく》質層《しつそう》だけがのびるのでしわになるというわけだ。

※角質《かくしつ》……動物《どうぶつ》の表面《ひょうめん》にある皮《ひ》ふ、毛《け》、つめ、うろこなどをつくる物質《ぶっしつ》。

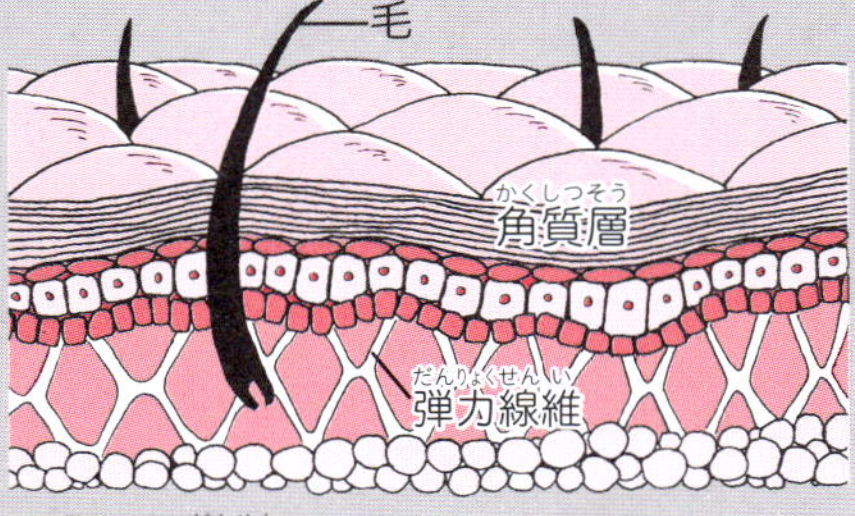

▲皮《ひ》ふの断面《だんめん》

ないところる！ 手《て》のしわ

手《て》のひらをとじたり開《ひら》いたり、手首《てくび》を回《まわ》したりしてみよう。しわがたくさんできるはずだ。このようにしわが多《おお》いことで、手《て》が動《うご》かしやすくなっている。

今度《こんど》は、ひじやひざ、足《あし》のこうなど、よく動《うご》かすところをさわってみよう。同《おな》じようにしわがたくさんできているのがわかるはず。これは、のびたときに皮《ひ》ふがピンとはらないように、ゆとりを持《も》たせてあるから。そのため、皮《ひ》ふがちぢんだときには、その部分《ぶぶん》がしわになっているのだ。

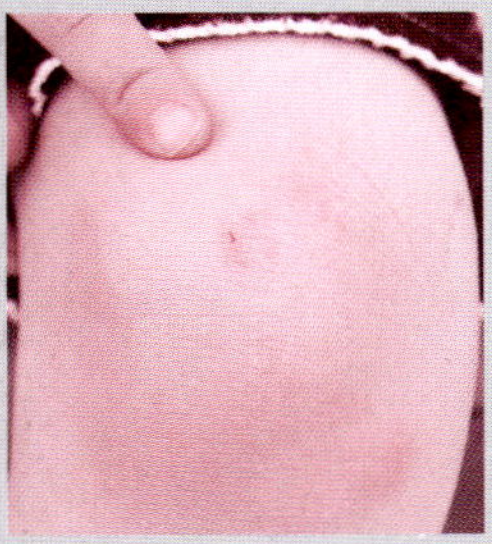
▲ひざ

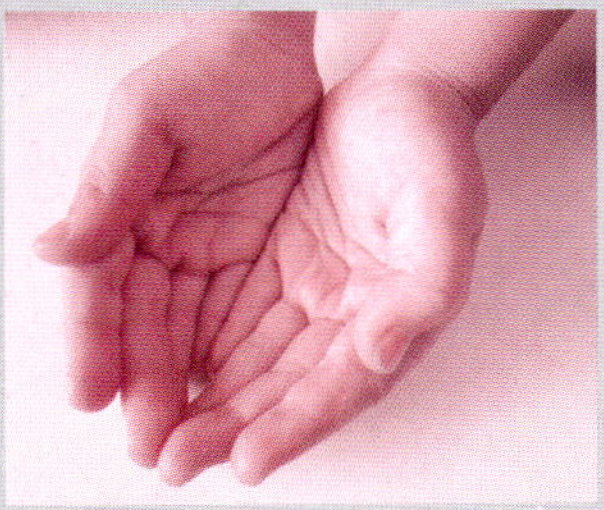
▲手《て》のひら

人間《にんげん》

もしも case 5

かみの毛《け》やつめをのばしつづけたら？

●世界一《せかいいち》かみの毛《け》の長《なが》い人は18.9m！

かみの毛《け》は生《は》えるとのびていくが、何年《なんねん》かたつとのびが止《と》まり、そのうちにぬけ落《お》ちる。1本《ぽん》のかみの毛《け》は、ふつう5～7年《ねん》が寿命《じゅみょう》だ。しかし、長《なが》いものでは20年《ねん》以上《いじょう》ものびるといわれている。

世界《せかい》でもっとも長《なが》いかみの毛《け》を持《も》つのは、60歳《さい》のインド人男性《じんだんせい》。なんと※18.9mもあるのだとか。ギネス世界記録《せかいきろく》（毎年発行《まいとしはっこう》される世界一《せかいいち》の記録《きろく》を集《あつ》めたイギリスの本《ほん》）への登録《とうろく》を申請中《しんせいちゅう》だ。

現在《げんざい》、ギネスにのっている一番《いちばん》かみの毛《け》が長《なが》い人《ひと》は中国人《ちゅうごくじん》の女性《じょせい》で、長《なが》さ5.6mだという。それでもじゅうぶん長《なが》いが、インドの男性《だんせい》のかみの毛《け》の長《なが》さはふつうではない。（2016年《ねん》9月末現在《がつまつげんざい》）

●5本《ほん》のつめの合計《ごうけい》……9m！

※世界一《せかいいち》つめが長《なが》いのは、ギネス世界記録《せかいきろく》によるとインドのスリドハー・チラルさん。

小指《こゆび》が179.1㎝、薬指《くすりゆび》が181.6㎝、中指《なかゆび》が186.6㎝、人《ひと》さし指《ゆび》が164.5㎝、親指《おやゆび》が197.8㎝もある。1本《ぽん》の指《ゆび》のつめだけでも大人《おとな》の身長《しんちょう》くらいあり、すべてのつめの長《なが》さを合《ごう》

計《けい》すると、なんと909.6㎝！　これだけ長《なが》いと、食《た》べるのもトイレに行《い》くのもたいへんそうだ。

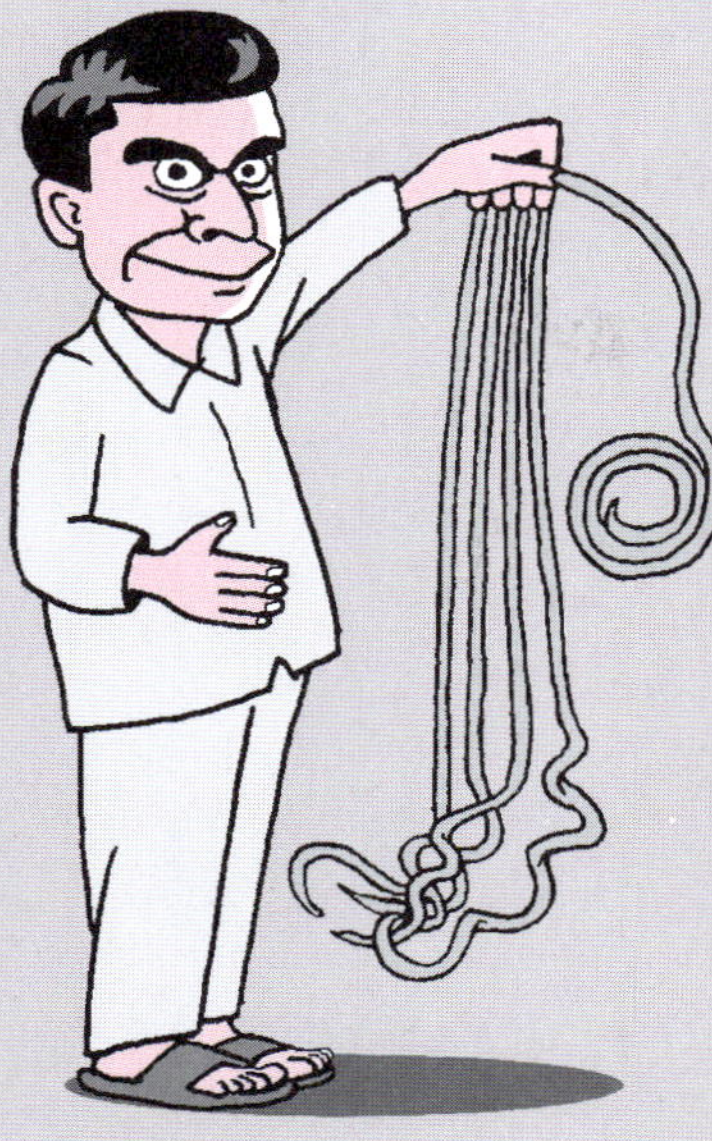

※これは片手《かたて》のみで世界一長《せかいいちなが》いつめの記録《きろく》。両手《りょうて》を合《あ》わせた長《なが》さの世界一《せかいいち》は985㎝のアメリカ人男性《じんだんせい》だが亡《な》くなっている。

●かみの毛《け》は何《なん》のためにある？

体《からだ》に毛《け》が少《すく》ないのは、サルの仲間《なかま》では人間《にんげん》だけ。体《からだ》の毛《け》はほとんどなくなったのに、どうして頭《あたま》だけにたくさんの毛《け》がのこったのだろうか？

その理由《りゆう》は、よくわかっていないが、なっとくできそうなのはこの説《せつ》。頭《あたま》のなかには大切《たいせつ》な脳《のう》があるので、ものが当《あ》たったり転《ころ》んだりしたときの衝撃《しょうげき》から頭《あたま》を守《まも》るために、クッションとしてかみの毛《け》がのこったというのだ。

実《じつ》は、かみの毛《け》とつめは、角質《かくしつ》が変形《へんけい》してできたもの。どちらもたんぱく質《しつ》からできているのだ。

●まつ毛《げ》・まゆ毛《げ》の役割《やくわり》

まつ毛《げ》は、ほこりなどが目《め》に入《はい》るのをふせいだり、日《ひ》ざしをさけたりするためにあるといわれるが、たしかなことはわかっていない。まつ毛《げ》に何《なに》かがふれた瞬間《しゅんかん》、目《め》を守《まも》るために、まぶたをとじさせるはたらきをしているという説《せつ》もある。

それでは、まゆ毛《げ》は？　目《め》に雨《あめ》やあせが入《はい》るのをふせぐためとよくいわれるけれど、これもたしかなことはわかっていないという。

人間《にんげん》

もしも case 6

老廃物《ろうはいぶつ》が体《からだ》から出《で》ていかなかったら？

体《からだ》のなかのいらないもの＝老廃物《ろうはいぶつ》

わたしたちの体《からだ》のなかでは、食《た》べ物《もの》から取《と》りこんだ栄養《えいよう》と、空気中《くうきちゅう》の酸素《さんそ》を使《つか》って、生《い》きていくのに必要《ひつよう》な活動《かつどう》が休《やす》みなくつづけられている。

体《からだ》が活動《かつどう》すると、アンモニアや二酸化炭素《にさんかたんそ》などいらないものができる。これらのものは血液《けつえき》のなかにすてられるが、このうち二酸化炭素《にさんかたんそ》は肺《はい》に送《おく》られて、はく息《いき》と一緒《いっしょ》に空気中《くうきちゅう》に出《で》て行《い》く。その他《ほか》のものは、じん臓《ぞう》でこしとられ、おしっことなって体《からだ》の外《そと》にすてられる。

このような、アンモニアや二酸化炭素《にさんかたんそ》など体内《たいない》でできたいらないものを「老廃物《ろうはいぶつ》」という。消化《しょうか》されなかった食《た》べ物《もの》のカスや腸《ちょう》のなかにいる細菌《さいきん》（腸内《ちょうない》細菌《さいきん》）の死《し》がいなども老廃物《ろうはいぶつ》で、これらはうんちとして体《からだ》の外《そと》にすてられる。皮《ひ》ふから出《で》るあかやあぶらなども老廃物《ろうはいぶつ》だ。

老廃物《ろうはいぶつ》を取《と》りのぞく「じん臓《ぞう》」

老廃物《ろうはいぶつ》をより分《わ》けて体《からだ》の外《そと》にすてるのに、なくてはならないのが「じん臓《ぞう》」だ。

じん臓《ぞう》は左右《さゆう》にひとつずつ、合《あ》わせてふたつあり、ネフロンとよばれるおしっこをつくるしくみが、ひとつのじん臓《ぞう》だけで百万個《ひゃくまんこ》もある。

ネフロンのなかには、細《ほそ》い血管《けっかん》がからみあった糸《し》球体《きゅうたい》というものがあり、ここで血液中《けつえきちゅう》のいらないものがこしとられ、尿細管《にょうさいかん》という管《くだ》に送《おく》られる。こしとられた液《えき》が尿細管《にょうさいかん》を通《とお》るとき、体《からだ》に必要《ひつよう》なものがのこっていたら、もう一度《いちど》血液《けつえき》のなかに吸収《きゅうしゅう》される。

そして、もうこれ以上《いじょう》体《からだ》に必要《ひつよう》なものがなく、最後《さいご》にのこった液《えき》がおしっこになる。

じん臓《ぞう》の働《はたら》きが悪《わる》くなると、老廃物《ろうはいぶつ》が体《からだ》から出《で》て行《い》かなくなり、だんだん体《からだ》が弱《よわ》り、放《ほう》っておくと最《さい》後《ご》には死《し》んでしまうこともあるのだ。

●うんちが出《で》ていかないと……？

健康《けんこう》な人《ひと》は、だいたい毎日《まいにち》うんちとして腸《ちょう》にたまった老廃物《ろうはいぶつ》をすてている。

ところが、腸《ちょう》がつまる腸閉塞《ちょうへいそく》という病気《びょうき》になるとうんちが体《からだ》から出《で》て行《い》かなくなり、おなかが張《は》っていたくなったり、腸《ちょう》のなかのものが逆流《ぎゃくりゅう》して口《くち》からはき出《だ》してしまったりする。

完全《かんぜん》に腸《ちょう》がつまったままにしておくと死《し》んでしまうので、その場合《ばあい》は手術《しゅじゅつ》をして腸《ちょう》を開通《かいつう》させなくてはいけなくなるのだ。

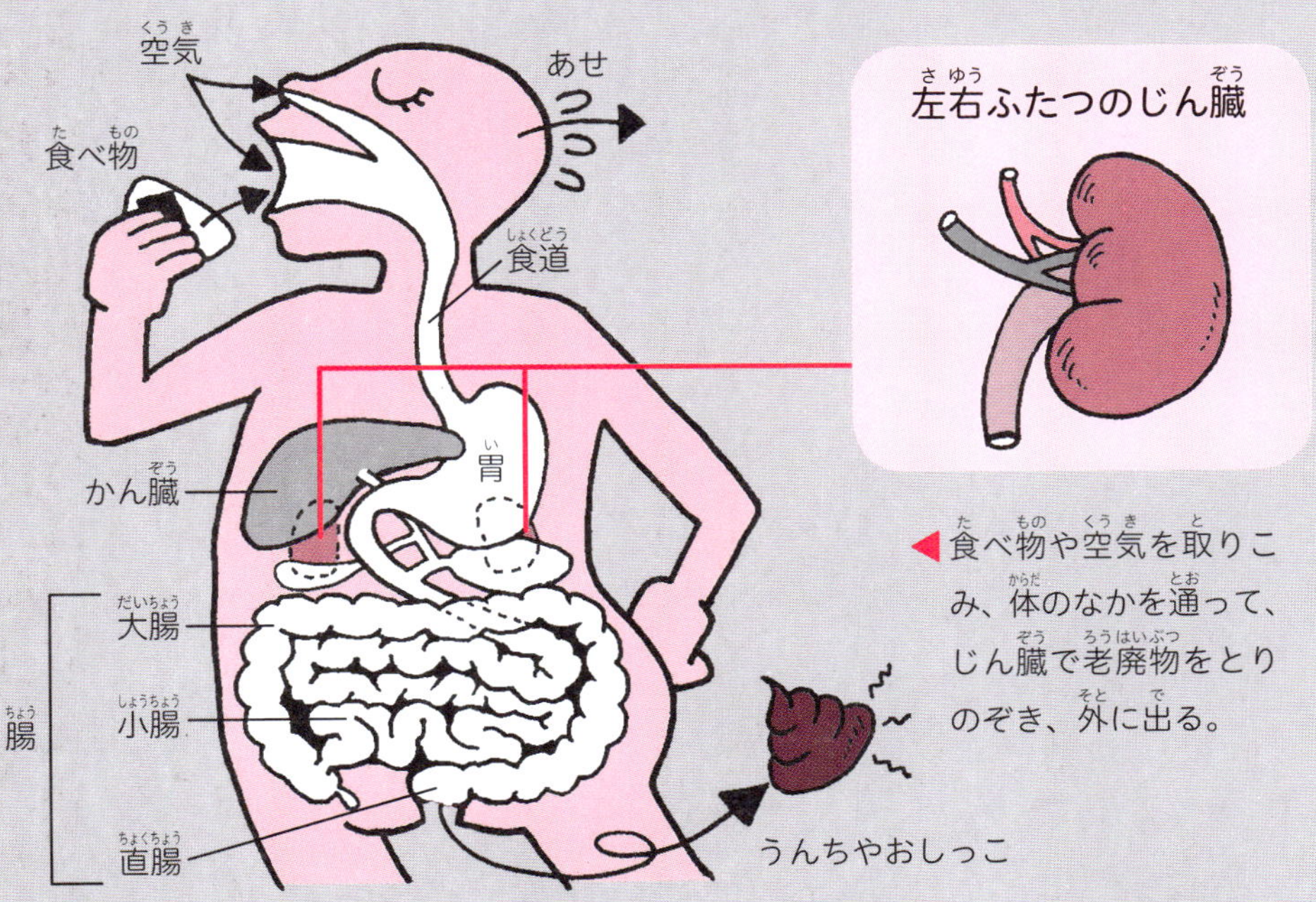

◀食《た》べ物《もの》や空気《くうき》を取《と》りこみ、体《からだ》のなかを通《とお》って、じん臓《ぞう》で老廃物《ろうはいぶつ》をとりのぞき、外《そと》に出《で》る。

人間《にんげん》

もしも
case
7

人間《にんげん》が冬眠《とうみん》できたら？

●エネルギーを節約《せつやく》して生《い》きる

冬眠《とうみん》というのは、リス、ヤマネ、コウモリ、クマなどのほ乳類《にゅうるい》が、冬《ふゆ》の間《あいだ》、体温《たいおん》を下《さ》げたり呼吸《こきゅう》の回数《かいすう》をへらしたりするなどして、ねむりつづけること。冬眠《とうみん》することによって、食《た》べ物《もの》の少《すく》ない時期《じき》に、エネルギーを節約《せつやく》して生《い》きのびているのだ。

もし、人間《にんげん》が冬眠《とうみん》できたらどうだろう。寒《さむ》い冬《ふゆ》が大《だい》きらいだったら、春《はる》まで一度《いちど》も目《め》ざめることなくねむりつづけるかもしれない。でも、暖房《だんぼう》やあたたかい服《ふく》もあるし、クリスマスやお正月《しょうがつ》、スキーやスケートなど冬《ふゆ》には楽《たの》しいことがたくさんあるから、冬眠《とうみん》する人《ひと》はまずいないだろう。

冬《ふゆ》に食《た》べ物《もの》がなくて苦労《くろう》する大昔《おおむかし》だったら、冬眠《とうみん》する人《ひと》がいたかもしれない。春《はる》まで何《なに》も食《た》べずにねむってすごすことができれば、食《た》べ物不足《ものぶそく》から飢《う》え死《じ》にすることもないからだ。

●人工冬眠《じんこうとうみん》してはるか遠《とお》くの宇宙《うちゅう》へ

SF《エスエフ》映画《えいが》には、遠《とお》い宇宙《うちゅう》へ行《い》くとき、飛行士《ひこうし》がカプセルに入《はい》って人工冬眠《じんこうとうみん》するシーンが出《で》てくることがある。細胞《さいぼう》の活動《かつどう》をほとんど止《と》め、年《とし》をとらないようにしたままねむりつづけて、数十年《すうじゅうねん》、数百年後《すうひゃくねんご》に目的《もくてき》の星《ほし》に着《つ》いたときに目《め》ざめるというのだ。

遠《とお》い未来《みらい》に、人類《じんるい》が太陽系外《たいようけいがい》の惑星《わくせい》に旅行《りょこう》したり移住《いじゅう》したりするときには、このように冬眠《とうみん》できる装置《そうち》が必要《ひつよう》になってくるかもしれない。

人間《にんげん》

もしも
case
8

人《ひと》の心《こころ》が読《よ》めたとしたら？

● 人《ひと》の心《こころ》を読《よ》む読心術《どくしんじゅつ》

人間《にんげん》は、かくしたいことがあるときは、だまっていたりウソをついたりする。そんなウソは、けっこうバレてしまう。ウソをついているときは、ニヤニヤしたり、落《お》ち着《つ》きなく体《からだ》を動《うご》かしたりするからだ。このように顔《かお》つきや体《からだ》の仕草《しぐさ》、会話《かいわ》、行動《こうどう》などから、人《ひと》が心《こころ》で何《なに》を思《おも》っているかを当《あ》てる方法《ほうほう》を読心術《どくしんじゅつ》という。

● 相手《あいて》に心《こころ》を読《よ》まれたら……

人《ひと》が心《こころ》に思《おも》っていることを正《ただ》しく読《よ》み取《と》り、映像《えいぞう》や言葉《ことば》にあらわしてくれる装置《そうち》はまだない。もし、そういうものをきみが手《て》に入《い》れたとしたら？

それを持《も》っているのが自分《じぶん》だけだったら、愉快《ゆかい》だろう。自分《じぶん》をきらっている人《ひと》やいじわるをしようとする人《ひと》には近《ちか》づかず、自分《じぶん》に好意《こうい》を持《も》ってくれる人《ひと》、自分《じぶん》に親切《しんせつ》にしようとする人《ひと》を見《み》つけて、その人《ひと》だけとつき合《あ》えばいいからだ。相手《あいて》が何《なに》を考《かんが》えているかわからない……というストレスもへり、コミュニケーションするのも楽《らく》になるかもしれない。

ただし、それをみんなが持《も》っていると、自分《じぶん》の心《こころ》も人《ひと》に読《よ》まれてしまう。「お前《まえ》なんてサイテーだ」と心《こころ》のなかで思《おも》っただけで、相手《あいて》とケンカになるかもしれない……。

人間《にんげん》

もしも case 9

生《う》まれかわることができたら？

死《し》んだものは生《い》き返《かえ》らない

動物《どうぶつ》でも植物《しょくぶつ》でも、細菌《さいきん》のような微生物《びせいぶつ》でも、一《いち》度《ど》死《し》んだものが生《い》き返《かえ》ったことはない。生《い》き返《かえ》らせることに成功《せいこう》した科学者《かがくしゃ》もいない。生命《せいめい》とは、どのようなものなのか、どうすれば生命《せいめい》をつくりだせるか、今《いま》の科学《かがく》ではわかっていないのだ。

けれども、何百年後《なんびゃくねんご》……今《いま》よりも科学《かがく》がもっと進《すす》んだ時代《じだい》になれば、未来《みらい》の科学者《かがくしゃ》は死《し》んだ人《ひと》を生《い》き返《かえ》らせてくれるかもしれない。……と、このように考《かんが》えて、遺体《いたい》を冷凍保存《れいとうほぞん》する会社《かいしゃ》がアメリカなどにあるそうだ。もちろん、うまくいくかどうかは、誰《だれ》にもわからないのだが。

仮死状態《かしじょうたい》から元《もと》にもどる!?

ほとんど死《し》んだ状態《じょうたい》になって、ふたたびよみがえる生《い》き物《もの》がいる。クマムシという1㎜にもみたない生《い》き物《もの》は、自分《じぶん》のまわりから水分《すいぶん》がなくなると、消《しょう》化《か》や呼吸《こきゅう》など体《からだ》のはたらきを止《と》め、カラカラにひからびた状態《じょうたい》になる。そして、まわりに水《みず》がもどってくるのを待《ま》ち、水《みず》をすって生《い》き返《かえ》る。

動物《どうぶつ》が持《も》つこういうしくみのなぞが解《と》ければ、人体《じんたい》に応用《おうよう》して、「しばらく眠《ねむ》って100年後《ねんご》に生《い》き返《かえ》らせてもらおう」というようなことができるようになるかもしれない。

人間《にんげん》

もしも case 10

歯《は》が生《は》えつづけたら？

歯《は》がおし合《あ》ってあごが外《はず》れる!?

かみの毛《け》やつめがのびるように、歯《は》も生《は》えつづけたら、上《うえ》の歯《は》と下《した》の歯《は》がぶつかって、おたがいにのびるのをおさえようとするだろう。それでものびつづけたら、口《くち》が上下《じょうげ》に広《ひろ》がって、あごが外《はず》れてしまう。あごがはずれたら物《もの》を食《た》べることができないので、死《し》んでしまうかもしれない。

そうならないためには、つめを切《き》るように定期的《ていきてき》に歯《は》をけずらなければならない。手《て》のつめは左右《さゆう》10本《ぽん》で、パチンと切《き》るだけでいいけれど、歯《は》は上下合《じょうげあ》わせて28本以上《ぽんいじょう》あり、それぞれ形《がた》がちがうからけずるのも大変《たいへん》だ。これを一生《いっしょう》つづけなければならない。

ぬくか、けずるか……

もしそうなったら、自動《じどう》「歯《は》」けずり機《き》みたいなものが発明《はつめい》されて、誰《だれ》もがそれを使《つか》っているだろう。美容院《びよういん》や床屋《とこや》さんのように、歯《は》を美《うつく》しく、かっこよくけずる仕事《しごと》ができているかもしれない。

歯《は》をけずりつづけるのがめんどうな人《ひと》は、歯《は》を全部《ぜんぶ》ぬいて、インプラント（人工的《じんこうてき》な歯《は》をあごの骨《ほね》にうめこむこと）にするだろう。

けっこうのびたね～どのくらいけずる？
おまかせで…

人間《にんげん》

もしも case 11

人間《にんげん》が空《そら》をとべたら？

●新《あたら》しいスポーツが誕生《たんじょう》！

空《そら》をとべたら、どこへでも早《はや》く行《い》ける。うまく風《かぜ》に乗《の》れば、つかれずに遠《とお》くまで行《い》ける。洪水《こうずい》や津波《つなみ》のときは、羽《は》ばたいて空《そら》へにげればいい。空《そら》の高《たか》いところからは、遠《とお》くまで見《み》わたせるので、まよわず安全《あんぜん》な場所《ばしょ》へにげられる。

高《たか》い木《き》の上《うえ》を利用《りよう》して、そこにかくれ家《が》やカフェができているかもしれない。「ハリー・ポッター」シリーズに出《で》てくるクィディッチのように、空《そら》をとびながらするスポーツに人気《にんき》が集《あつ》まるだろう。

●どうする？ 巨大《きょだい》なつばさ……

ここで、現実的《げんじつてき》な話《はなし》をしよう。空《そら》をとぶためにはつばさがいる。とぶ鳥《とり》で最大級《さいだいきゅう》のワタリアホウドリは、つばさを広《ひろ》げた長《なが》さがおよそ3mになるが、体《たい》重《じゅう》は10kgほどしかない。もし、人間《にんげん》が今《いま》の体重《たいじゅう》のまま空《そら》をとぶとしたら、とてつもなく大《おお》きなつばさが必要《ひつよう》になる。とばないときは、どのようにたたんでおくのだろう。手《て》はつばさの一部《いちぶ》になるから、手《て》を使《つか》うときはいちいち巨大《きょだい》なつばさを広《ひろ》げなければならない。これでは細《こま》かい手作業《てさぎょう》などはできない。

人間《にんげん》には、飛行機《ひこうき》やヘリコプターで空《そら》をとぶことが向《む》いているようだ。

人間《にんげん》

ミニミニもしも

もしも……人間《にんげん》が光合成《こうごうせい》※できたら?

光合成《こうごうせい》とは、おもに植物《しょくぶつ》が水《みず》と二酸化炭素《にさんかたんそ》からエネルギーとなる糖《とう》（炭水化物《たんすいかぶつ》）をつくり出《だ》すこと。

そのはたらきを人間《にんげん》が持《も》ったとしたら、二酸化炭素《にさんかたんそ》は体内《たいない》にあるので、水《みず》を飲《の》んで太陽《たいよう》の光《ひかり》に当《あ》たっていれば、炭水化物《たんすいかぶつ》を得《え》られる。ごはんやパン、イモなどの炭水化物《たんすいかぶつ》は食《た》べなくていい。飢《う》えに強《つよ》くなるし、マラソンなどの持久力《じきゅうりょく》を必要《ひつよう》とするスポーツでも、今以上《いまいじょう》にがんばれるだろう。ただし、タンパク質《しつ》や脂肪《しぼう》、ビタミンなどは光合成《こうごうせい》ではつくられないので、これまでと同《おな》じように食事《しょくじ》からとることになる。

※光合成《こうごうせい》→104ページ

もしも……法律《ほうりつ》がなかったら?

世界《せかい》のほとんどの国《くに》では、法律《ほうりつ》にもとづいて社会《しゃかい》の安定《あんてい》がたもたれている。法律《ほうりつ》は、人々《ひとびと》が安全《あんぜん》に、平等《びょうどう》に、幸福《こうふく》にくらしていくためのルールといってもいい。そのルールに違反《いはん》したときは罰《ばっ》せられる。

もし法律《ほうりつ》がなかったら、何《なに》をしても罰《ばっ》せられないので、けんかが強《つよ》い人《ひと》や大金持《おおがねも》ちの一部《いちぶ》がすき勝手《かって》なことをするようになるだろう。ピストルやマシンガンなどの武器《ぶき》も自由《じゆう》に持《も》てるので、社会全体《しゃかいぜんたい》がギャングの世界《せかい》になるかもしれない。

もしも……鼻《はな》がイヌのようによくきいたら？

鼻《はな》がイヌのようによくきいたら、友《とも》だちや先生《せんせい》のにおいを遠《とお》くから感《かん》じるので、目《め》で見《み》る前《まえ》に誰《だれ》が近《ちか》づいてくるかわかってべんりだろう。友《とも》だちが、朝《あさ》ごはんに何《なに》を食《た》べてきたか、前《まえ》の日《ひ》におふろに入《はい》ったかどうかなどもわかってしまう。自分《じぶん》も、相手《あいて》に同《おな》じようなことを知《し》られてしまうので、においを消《け》すスプレイが必《ひつ》需品《じゅひん》になるかも。

もしも……しっぽが生《は》えていたら？

もし、しっぽが生《は》えていたら、2本足《ほんあし》で立《た》ったときにじゃまになるかもしれない。でも、かみの毛《け》のように、しっぽをおしゃれにかざるファッションができたら楽《たの》しそうだ。洋服《ようふく》やイスには、しっぽを通《とお》すあなが必要《ひつよう》になるかも？

もしも……ウマのように速《はや》く走《はし》れたら？

大昔《おおむかし》の人間《にんげん》は、獲物《えもの》を追《お》いかけ狩《か》りをしてくらしていた。猛獣《もうじゅう》などにおそわれることもあっただろう。もし、ウマのように速《はや》く走《はし》れたら、猛獣《もうじゅう》からにげることができたと考《かんが》えられるので、人間《にんげん》はもっと早《はや》い時期《じき》に人口《じんこう》をふやし、文明《ぶんめい》を発達《はったつ》させることができたかもしれない。

ただし、人間《にんげん》は、動物《どうぶつ》たちにくらべてとても弱《よわ》い。それを克服《こくふく》するために知恵《ちえ》をしぼり、道具《どうぐ》を発達《はったつ》させてきた。速《はや》く走《はし》って猛獣《もうじゅう》からのがれられたら、弱《よわ》さを自覚《じかく》しないので道具《どうぐ》は発達《はったつ》せず、反対《はんたい》に文明《ぶんめい》を築《きず》くことがおそくなったとも考《かんが》えられる。

第《だい》4章《しょう》
日《にち》常《じょう》生《せい》活《かつ》のもしも……

日常生活《にちじょうせいかつ》

もしも case 1

重症型《じゅうしょうがた》インフルエンザがはやったら？

マンガ／夜道ロコウ

ぱたん
しゅん!? どうしたの!
しゅん!
ガタ
ガタ
ガタ
ピーポー
ピーポー
先生《せんせい》! しゅんは……
症状《しょうじょう》は落《お》ち着《つ》きましたが…… 重《おも》い障害《しょうがい》がのこりそうです
そんな……!
最善《さいぜん》はつくしたのですが……

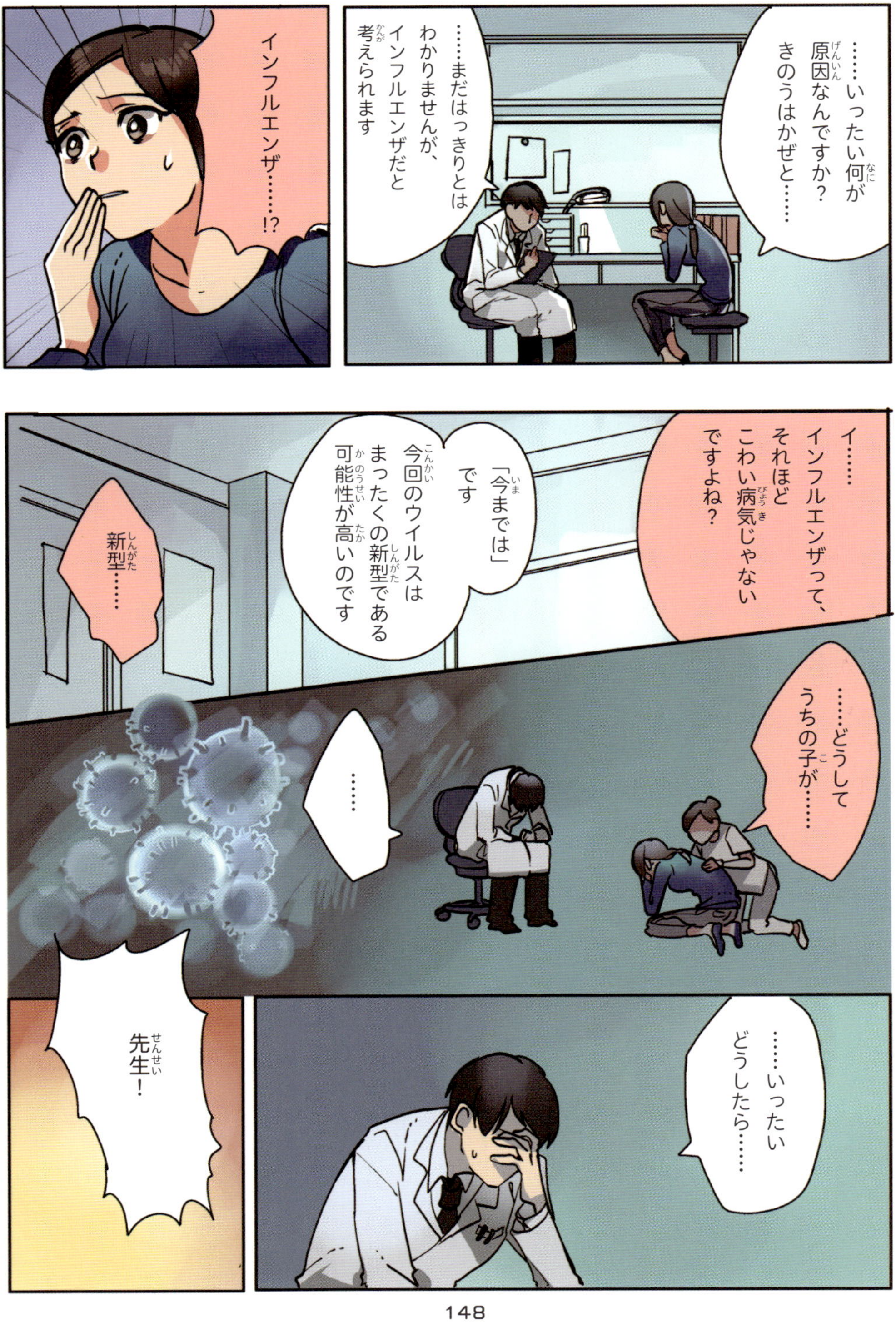
……いったい何《なに》が原因《げんいん》なんですか？ きのうはかぜと……
……まだはっきりとはわかりませんが、インフルエンザだと考《かんが》えられます
インフルエンザ……!?
イ…… インフルエンザって、それほどこわい病気《びょうき》じゃないですよね？
「今《いま》までは」です 今回《こんかい》のウイルスはまったくの新型《しんがた》である可能性《かのうせい》が高《たか》いのです
新型《しんがた》……
……どうしてうちの子《こ》が……
……
……いったいどうしたら……
先生《せんせい》！

たいへんです！
同《おな》じ症状《しょうじょう》の患者《かんじゃ》がいっせいに――……
ガラ
ガラ
早《はや》く運《はこ》んで！
薬《くすり》がまったくきかない！
わーー
おとうさーん！
おい！いつになったらうちの子《こ》をみるんだ！
わーー
これは……
いったい……
日本《にほん》で流行《りゅうこう》しているインフルエンザはいまだ収束《しゅうそく》のきざしが見《み》えていません

完全《かんぜん》な予防策《よぼうさく》も 確立《かくりつ》されておりません 必要《ひつよう》のない 外出《がいしゅつ》はさけ——……
数多《かずおお》く流《なが》れている デマやうわさに まどわされ ないよう——……
真相
わぁぁ あん
感染者《かんせんしゃ》がふえる 一方《いっぽう》— 新薬《しんやく》はいまだ開発《かいはつ》に いたっていません
新型《しんがた》による被害《ひがい》は 世界中《せかいじゅう》で 2千万人《せんまんにん》をこえ—
ふざけんな! たかがインフルエンザも なおせねえのかよ!
……ッ
インフルエンザを なんとかしろ!
会社《かいしゃ》、学校《がっこう》なども 機能《きのう》しておらず 街《まち》は大混乱《だいこんらん》と なっています

インフルエンザのため
休校
小学校
じゃあ ちょっと出《で》てくるから
ええ 気《き》をつけて
インフルエンザを許
対策を!
政府を許すな!
感染
……―いまだインフルエンザ新型《しんがた》は――……
ヒュオォ
クリーニング
外出《がいしゅつ》はひかえるよう注意《ちゅうい》を――……
ザザ
ザザ

インフルエンザとは?

インフルエンザは、インフルエンザウイルスに感《かん》染《せん》して起《お》こる感染症《かんせんしょう》のひとつ。寒気《さむけ》や高熱《こうねつ》をともない、症状《しょうじょう》が重《おも》くなると肺炎《はいえん》なども一緒《いっしょ》に引《ひ》き起《お》こすおそれがあるのだ。

インフルエンザは、せきやくしゃみで他《ほか》の人《ひと》にうつってしまうほど感染力《かんせんりょく》が高《たか》い。そのため、はやると学級閉鎖《がっきゅうへいさ》になることもある。

ウイルスと細菌《さいきん》のちがい

食中毒《しょくちゅうどく》を起《お》こすサルモネラ菌《きん》などの細菌《さいきん》は、細胞《さいぼう》を持《も》つ生《い》き物《もの》。自分《じぶん》で子孫《しそん》をふやし、どんどんふえていく。

一方《いっぽう》、ウイルスは目《め》に見《み》えない微生物《びせいぶつ》で細胞《さいぼう》を持《も》っておらず、動物《どうぶつ》や人間《にんげん》のような生《い》き物《もの》ではない。ふつうは自分《じぶん》でふえていくことはないのだが、インフルエンザウイルスは鼻《はな》などの粘膜《ねんまく》に感染《かんせん》してふえていくのだ。

(写真/PIXTA)

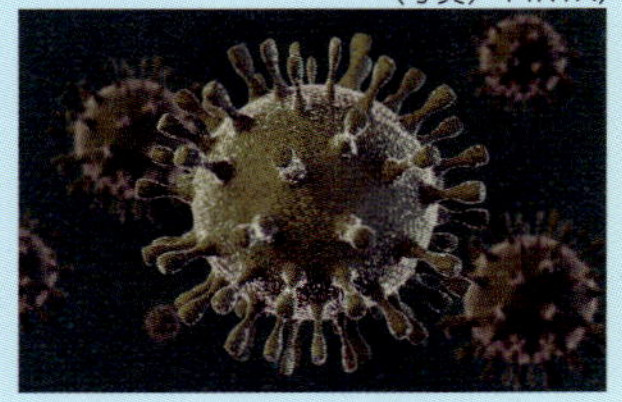

▲インフルエンザウイルス

新型《しんがた》インフルエンザの恐怖《きょうふ》

インフルエンザにはおもに、A型《がた》・B型《がた》・C型《がた》の3種類《しゅるい》がある。しかし、このうちのどれかが突然変《とつぜんへん》異《い》をして新型《しんがた》になることがある。新型《しんがた》になると対応《たいおう》するワクチン※がないこともあり、医療現場《いりょうげんば》で大混乱《だいこんらん》を引《ひ》き起《お》こす可能性《かのうせい》があるのだ。

2009年《ねん》に世界的《せかいてき》に大流行《だいりゅうこう》した新型《しんがた》インフルエンザは、A型《がた》の変異《へんい》で、当初《とうしょ》はブタから人間《にんげん》に感染《かんせん》したと見《み》られ、「豚《ぶた》インフルエンザ」とよばれた。18000人以上《にんいじょう》もの死者《ししゃ》が出《で》たといわれ、まさに新型《しんがた》インフルエンザの恐怖《きょうふ》であった。今後《こんご》、どんな新《あたら》しいインフルエンザがあらわれるかわからない。

また、1918〜19年《ねん》に流行《りゅうこう》した「スペイン風邪《かぜ》」とよばれるインフルエンザは世界中《せかいじゅう》で爆発的《ばくはつてき》に流行《りゅうこう》し、感染者《かんせんしゃ》は5億人《おくにん》、死者《ししゃ》は4000万《まん》〜1億《おく》人《にん》ともいわれている。

もしも、これよりももっと症状《しょうじょう》が重《おも》くなるインフルエンザが大流行《だいりゅうこう》したらどうなるのだろうか。感染力《かんせんりょく》がとても強《つよ》く、症状《しょうじょう》もひどいとしたら……。病院《びょういん》に人《ひと》あふれかえり、商店《しょうてん》や学校《がっこう》も休《やす》みになってしまうだろう。

インフルエンザの予防《よぼう》をしよう!

症状《しょうじょう》が重《おも》くなるインフルエンザを大流行《だいりゅうこう》させないためには、日々《ひび》の予防《よぼう》が大切《たいせつ》だ。インフルエンザが流行《りゅうこう》するのは、おもに乾燥《かんそう》した冬場《ふゆば》12〜3月《がつ》ごろなので、とくに気《き》をつけておこう。

★インフルエンザを予防《よぼう》する5か条《じょう》

❶ 手《て》あらい・うがいをこまめにする。
❷ 流行《りゅうこう》するきざしがあれば、早《はや》めにマスクをする。
❸ 湿度《しつど》を50〜60%にたもつ。
❹ 予防接種《よぼうせっしゅ》を受《う》ける。
❺ 食事《しょくじ》やすいみんに気《き》をつけて、免疫力《めんえきりょく》を高《たか》める。

※ワクチン……感染症《かんせんしょう》を予防《よぼう》する薬《くすり》。

日常生活《にちじょうせいかつ》

もしも
case
2

日本中《にほんじゅう》で停電《ていでん》が起《お》きたら？

ネオンがきらめく大都会《だいとかい》が突然《とつぜん》、暗《くら》やみにつつまれた。

「あれ、停電《ていでん》かな？」

非常電源《ひじょうでんげん》でいくつかの明《あ》かりはついたものの、ほとんどの電気《でんき》は消《き》えたままだ。

ドッカーン！

「車《くるま》が衝突《しょうとつ》した！」

信号《しんごう》が消《き》え、暗闇《くらやみ》のなかで車《くるま》が正面衝突《しょうめんしょうとつ》したのだ。パニックになっていた人々《ひとびと》の恐怖《きょうふ》は頂点《ちょうてん》にたっした。

この日《ひ》から、日本中《にほんじゅう》が暗闇《くらやみ》につつまれた。電気《でんき》を各家庭《かくかてい》に送《おく》りとどけるシステムがすべてストップし、電気《でんき》を使《つか》う家電《かでん》や携帯電話《けいたいでんわ》はもちろん、ガスも水道《すいどう》も、トイレも使《つか》えなくなってしまったのだ。

停電《ていでん》はどんなときに起《お》こる？

停電《ていでん》の原因《げんいん》はいろいろだ。巨大地震《きょだいじしん》や大型台風《おおがたたいふう》などで発電所《はつでんしょ》がこわれたり、あちこちの送電線《そうでんせん》が切《き》れたりすれば大規模《だいきぼ》な停電《ていでん》が起《お》こる。

電力会社《でんりょくがいしゃ》の予想《よそう》をこえて人々《ひとびと》が電気《でんき》を使《つか》いそうなときは、発電《はつでん》が追《お》いつかず、電圧《でんあつ》が下《さ》がって機械《きかい》がこわれるおそれがある。そんなとき、電力会社《でんりょくがいしゃ》が一部《いちぶ》の地域《ちいき》の送電《そうでん》を止《と》めて計画的《けいかくてき》に停電《ていでん》にする場合《ばあい》もある。２０１１年《ねん》の東日本大震災《ひがしにほんだいしんさい》の後《あと》、電気《でんき》が足《た》りなくなり、関東地方《かんとうちほう》などでこのような停電《ていでん》があった。

もし、日本中《にほんじゅう》で停電《ていでん》が起《お》きたら、電灯《でんとう》や電化製品《でんかせいひん》はもちろん、会社《かいしゃ》や病院《びょういん》、銀行《ぎんこう》などのシステム、お店《みせ》やマンションのエレベーター、信号機《しんごうき》……あらゆる機能《きのう》がストップし、大混乱《だいこんらん》が起《お》きるだろう。

そんなことが起《お》きないように、さまざまな取《と》り組《く》みをして、停電《ていでん》を防《ふせ》いでいるのだ。

発電機《はつでんき》のしくみはモーターと同《おな》じ

火力発電所《かりょくはつでんしょ》、水力発電所《すいりょくはつでんしょ》、原子力発電所《げんしりょくはつでんしょ》などに設置《せっち》された発電機《はつでんき》が電気《でんき》を起《お》こし、その電気《でんき》が電線《でんせん》を通《とお》って家《いえ》に送《おく》られてくる。

発電機《はつでんき》の基本的《きほんてき》なしくみは、プラモデルや工作《こうさく》で使《つか》うモーターと同《おな》じだ。モーターは、乾電池《かんでんち》につなぎ、その電流《でんりゅう》で軸《じく》を回転《かいてん》させる。発電機《はつでんき》は、このしくみを逆《ぎゃく》に利用《りよう》するもので、左《ひだり》の図《ず》のように軸《じく》を回転《かいてん》させることで電流《でんりゅう》を発生《はっせい》させる。

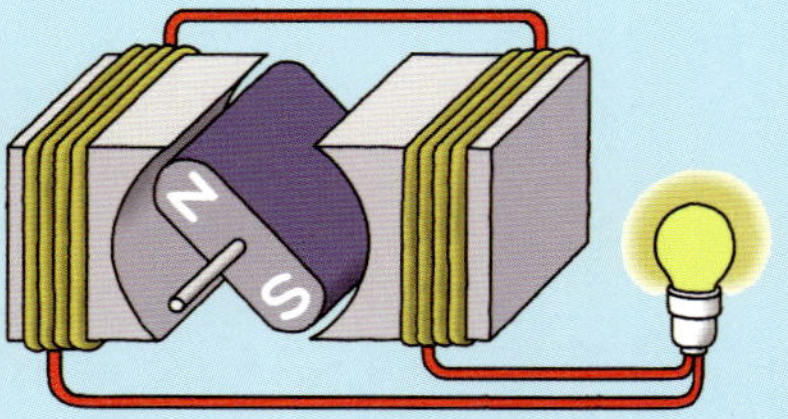

▲モーターの軸《じく》を回転《かいてん》させると、電流《でんりゅう》が発生《はっせい》して豆電球《まめでんきゅう》がつく。これが発電機《はつでんき》の原理《げんり》だ。

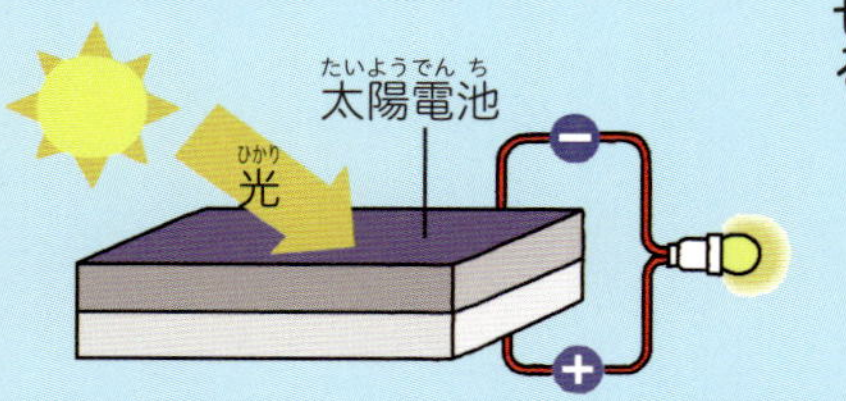

▲太陽電池《たいようでんち》に光《ひかり》が当《あ》たると、なかの半導体《はんどうたい》の電子《でんし》が動《うご》いて電気《でんき》が起《お》きる。

火力発電所《かりょくはつでんしょ》や原子力発電所《げんしりょくはつでんしょ》では、水《みず》を熱《ねっ》してできた水蒸気《すいじょうき》で発電機《はつでんき》を回《まわ》している。水力発電《すいりょくはつでん》は、高《たか》いところから流《なが》れ落《お》ちる水《みず》のいきおいで、発電機《はつでんき》を回《まわ》している。住宅《じゅうたく》の屋根《やね》などにある太陽光発電《たいようこうはつでん》は、発《はつ》電機《でんき》を使《つか》わない。太陽電池《たいようでんち》（光電池《こうでんち》）が光《ひかり》のエネルギーをすぐに電気《でんき》にかえることができるのだ。

雨《あめ》の日《ひ》や夜《よる》には発電《はつでん》しない太陽光《たいようこう》

発電《はつでん》に使《つか》われる「太陽光《たいようこう》、風力《ふうりょく》、水力《すいりょく》、地熱《ちねつ》、波《は》力《りょく》、潮力《ちょうりょく》」などを、「再生可能《さいせいかのう》エネルギー」という。再生可能《さいせいかのう》とは、生《う》まれかわらせることができるという意味《いみ》。つまり、自然《しぜん》のなかからくり返《かえ》し取《と》り出《だ》して使《つか》えるエネルギーのことだ。再生可能《さいせいかのう》エネルギーは地球《ちきゅう》にやさしいが、それぞれに短所《たんしょ》がある。

太陽光発電《たいようこうはつでん》は、雨《あめ》の日《ひ》や夜《よる》には電気《でんき》を起《お》こせない。風力発電《ふうりょくはつでん》は、風《かぜ》がふかないと風車《ふうしゃ》が回《まわ》らないので発《はつ》電《でん》できない。火山《かざん》や温泉《おんせん》の熱《ねつ》を利用《りよう》する地熱発電《ちねつはつでん》は、発電所《はつでんしょ》をつくる場所《ばしょ》がかぎられる。海《うみ》の波《なみ》の力《ちから》を利《り》用《よう》する波力発電《はりょくはつでん》や潮《しお》の流《なが》れを利用《りよう》する潮力発電《ちょうりょくはつでん》は、波《なみ》や潮《しお》の強弱《きょうじゃく》に左右《さゆう》される。

……というように、いつも同《おな》じように発電《はつでん》できるとはかぎらないのだ。つまり、再生可能《さいせいかのう》エネルギーだけでは、必要《ひつよう》な電気《でんき》をまかなうことができないことも考《かんが》えられ、その場合《ばあい》、停電《ていでん》になるおそれがある。

火力《かりょく》と再生可能《さいせいかのう》エネルギー

晴《は》れた日《ひ》に太陽光《たいようこう》で、風《かぜ》の強《つよ》い日《ひ》に風力《ふうりょく》で発電《はつでん》した電気《でんき》をためておき、くもりや雨《あめ》の日《ひ》に使《つか》うことができれば、再生可能《さいせいかのう》エネルギーをもっと活《い》かせるだろう。でも、街全体《まちぜんたい》で使《つか》うような大量《たいりょう》の電気《でんき》をためておける高性能《こうせいのう》な大容量《だいようりょう》の電池《でんち》がない。

天候《てんこう》を見《み》ながら、火力発電《かりょくはつでん》などと再生可能《さいせいかのう》エネルギーを組《く》み合《あ》わせて、社会《しゃかい》に安定《あんてい》した電気《でんき》を送《おく》るしくみが必要《ひつよう》なのだ。

日常生活《にちじょうせいかつ》

もしも case 3

タイムマシンがあったら？

「では、いってきます。」

「たのんだぞ……。」

××06年《ねん》、9月《がつ》20日《か》。

この日《ひ》、△△研究所《けんきゅうしょ》は感動《かんどう》につつまれていた。ついに、人間《にんげん》が瞬間移動《しゅんかんいどう》できる「ヒューマン・テレポーテーション・マシン」が完成《かんせい》したのだ。

特別《とくべつ》にえらばれた優秀《ゆうしゅう》な人間《にんげん》が、このマシンに乗《の》って、過去《かこ》へタイムトラベルをする。しかし、一度《いちど》過去《かこ》へ移動《いどう》したら、今《いま》の時代《じだい》にもどってこられるかどうか、まったく保証《ほしょう》はできない。まさに、命《いのち》をかけた挑戦《ちょうせん》がおこなわれようとしているのだ……。

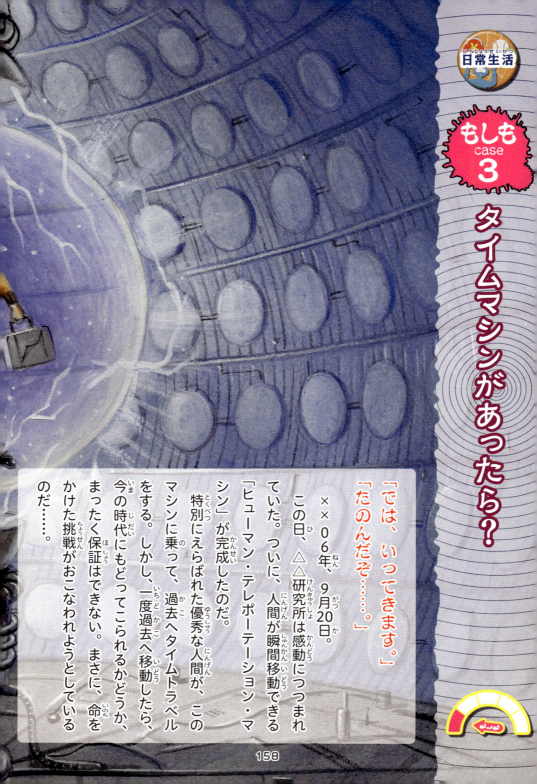

光《ひかり》の速度《そくど》に近《ちか》い宇宙船《うちゅうせん》！

実《じつ》は、理屈《りくつ》としては、未来《みらい》へ行《い》くタイムマシンをつくることができるのだという。

宇宙船《うちゅうせん》に乗《の》って、はるか遠《とお》くの星《ほし》へ行《い》って帰《かえ》ってくるとしよう。科学者《かがくしゃ》アインシュタインの「相対性《そうたいせい》理論《りろん》」によると、宇宙船《うちゅうせん》が光《ひかり》の速《はや》さに近《ちか》づくにつれて、宇宙船《うちゅうせん》のなかでは外《そと》にくらべて時間《じかん》の進《すす》み方《かた》がおそくなる。遠《とお》くの宇宙《うちゅう》に旅《たび》をした飛行士《ひこうし》が、宇宙《うちゅう》船《せん》のなかでは10年《ねん》しかたっていないのに、地球《ちきゅう》にもどったら、地球《ちきゅう》では50年《ねん》の時間《じかん》がたっていたということが起《お》こりえるのだ。これは、未来《みらい》の世界《せかい》へ行《い》くタイムマシンなのかもしれない。

もしも過去《かこ》の世界《せかい》で……

一方《いっぽう》、過去《かこ》の世界《せかい》には、今《いま》のところ理屈《りくつ》としても行《い》けないと考《かんが》えられている。でも将来《しょうらい》、科学《かがく》が発達《はったつ》して、それも実現《じつげん》できるようになったとしよう。

そうすると、こまったことが起《お》こる。タイムパラドックスという考《かんが》えだ。もし、きみが過去《かこ》の世界《せかい》へ行《い》ったために事故《じこ》が起《お》こり、少年時代《しょうねんじだい》のお父《とう》さんが亡《な》くなるようなことがあったとしたら、どうだろう。きみは生《う》まれてくることができない。今《いま》にもどったとき、きみはもう存在《そんざい》できないことになる。

人《ひと》が亡《な》くなるようなことがなくても、過去《かこ》の世界《せかい》へ行《い》けばかならず何《なに》かをかえることになり、その結《けっ》果《か》、今《いま》もかわってしまう。今《いま》をかえないように、過《か》去《こ》に行《い》くことはできるのだろうか。

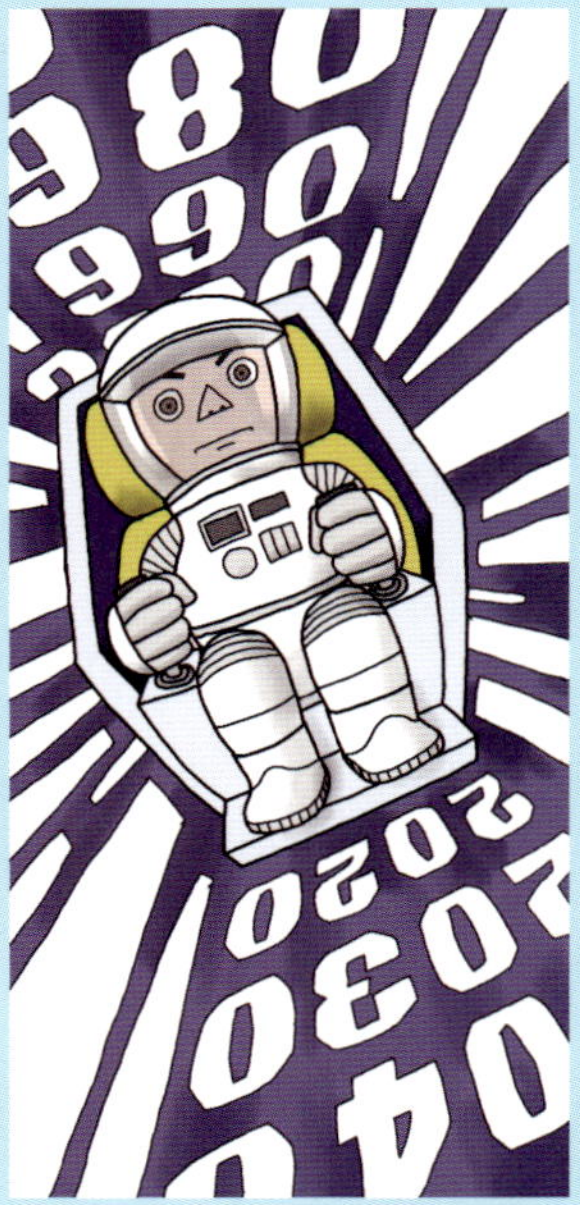

望遠鏡《ぼうえんきょう》で過去《かこ》の宇宙《うちゅう》を観測《かんそく》

ハワイのマウナケア山《さん》にある日本《にほん》の「すばる」望《ぼう》遠鏡《えんきょう》は世界《せかい》でもっともすぐれた望遠鏡《ぼうえんきょう》のひとつだ。およそ600㎞上空《じょうくう》には、アメリカの「ハッブル宇宙望《うちゅうぼう》遠鏡《えんきょう》」があり、空気《くうき》のない宇宙《うちゅう》から、はるか遠《とお》くの宇宙《うちゅう》を観測《かんそく》している。すばるやハッブル宇宙望遠鏡《うちゅうぼうえんきょう》が観測《かんそく》した天体《てんたい》でもっとも遠《とお》いものは、地球《ちきゅう》から130億光年《おくこうねん》くらい遠《とお》くにある銀河《ぎんが》だ。130億光年《おくこうねん》向《む》こうの銀河《ぎんが》の光《ひかり》は、130億年前《おくねんまえ》に光《ひか》ったものが今《いま》、地球《ちきゅう》にとどいている。ということは、130億年前《おくねんまえ》の過去《かこ》の宇《う》宙《ちゅう》を見《み》ているということになる。

宇宙《うちゅう》が誕生《たんじょう》したのは、およそ138億年前《おくねんまえ》だから、誕《たん》生《じょう》してからまだあまり時間《じかん》がたっていない宇宙《うちゅう》の姿《すがた》が観測《かんそく》されているのだ。

▶国立天文台《こくりつてんもんだい》ハワイ観測所《かんそくじょ》

▶ドームのなかにあるすばる望遠鏡《ぼうえんきょう》。

（写真／国立天文台）

もっと遠《とお》い宇宙《うちゅう》まで見《み》られる!?

宇宙《うちゅう》は、ビッグバンとよばれる大爆発《だいばくはつ》のような現《げん》象《しょう》からスタートしたが、宇宙《うちゅう》のはじまりがどのようなものだったか、天文学者《てんもんがくしゃ》や物理学者《ぶつりがくしゃ》は、そのくわしいようすを知《し》りたがっている。

今《いま》よりもっと遠《とお》くが見《み》える超高性能望遠鏡《ちょうこうせいのうぼうえんきょう》ができれば、誕生《たんじょう》してから40万年後《まんねんご》の宇宙《うちゅう》まで見《み》ることができると考《かんが》えられている。それより前《まえ》は、宇宙《うちゅう》の中《なか》を光《ひかり》がまっすぐに進《すす》めないほど、物質《ぶっしつ》が密《みつ》にちらばっていた。つまり、霧《きり》につつまれているような状《じょう》態《たい》だったので、見《み》ることができないのだ。

もしも case 4

ロボットが何《なん》でもしてくれたら？

「オハヨウゴザイマス。アサ、7ジデス。」

「ふぁ〜……。」

朝起《あさお》きると、執事《しつじ》ロボットが、今日《きょう》の天気《てんき》と予定《よてい》に合《あ》わせて着《き》がえを出《だ》してくれた。メイドロボットがやってきて、かみをとかし、歯《は》をみがき、顔《かお》をあらい、あっという間《ま》に支度《したく》は終了《しゅうりょう》だ。

「今日《きょう》は和食《わしょく》がいいなあ。」

「わたしは洋食《ようしょく》ね。」

ダイニングのテーブルについたパパとママがそういうと、コックロボットができたての朝《あさ》ごはんを持《も》ってきてくれた。

家事《かじ》のほとんどは、人間《にんげん》が何《なに》もしなくても、ロボットがやってくれる時代《じだい》なのだ。

ロボットは工場《こうじょう》では当《あ》たり前《まえ》！

1980年代《ねんだい》から工場《こうじょう》などで産業用《さんぎょうよう》ロボットがさかんに使《つか》われるようになった。

たとえば自動車工場《じどうしゃこうじょう》には、金属《きんぞく》の部品同士《ぶひんどうし》を熱《ねつ》でとかしてつなぎ合《あ》わせる「溶接《ようせつ》」や、できた車体《しゃたい》に色《いろ》をぬる「塗装《とそう》」という仕事《しごと》がある。昔《むかし》は、そういう仕事《しごと》は人間《にんげん》がおこなっていたが、今《いま》は産業用《さんぎょうよう》ロボットがやっている。

危険《きけん》な場所《ばしょ》で、人間《にんげん》にかわって作業《さぎょう》をおこなうロボットの実用化《じつようか》も進《すす》んでいる。大地震《だいじしん》などの災害現場《さいがいげんば》では、たおれた建物《たてもの》のなかにいる人《ひと》をさがし出《だ》すロボットや、がれきなどを取《と》りのぞく作業《さぎょう》を行《おこな》うロボットが使《つか》われている。

これらのロボットは、おこなう仕事《しごと》に合《あ》った形《かたち》をしている必要《ひつよう》があるので、人間《にんげん》の形《かたち》をしていないことが多《おお》い。

人間《にんげん》と話《はなし》ができるロボット

人間《にんげん》の形《かたち》をして、友《とも》だちになれるようなロボットの研究《けんきゅう》も進《すす》んでいる。歩《ある》いたり階段《かいだん》をのぼりおりする他《ほか》、顔《かお》の表情《ひょうじょう》をかえたり、人間《にんげん》とかんたんな会話《かいわ》ができたりするロボットも登場《とうじょう》している。近《ちか》いうちに、人間《にんげん》の話《はな》し相手《あいて》になったり、人間《にんげん》の世話《せわ》をしたりするロボットも実用化《じつようか》されるかもしれない。

なかでも、体《からだ》が思《おも》うように動《うご》かせなくなった人《ひと》の世話《せわ》をしたり、コミュニケーションをしたりする介護《かいご》ロボットは、家庭《かてい》でも使《つか》われるようになるだろう。

▲コミュニケーションができる会話《かいわ》ロボット「PALRO（パルロ）」。高齢者福祉施設《こうれいしゃふくししせつ》で大活躍《だいかつやく》だ。

（写真／富士ソフト株式会社）

囲碁《いご》やチェス、自動運転《じどううんてん》にも……

新《あたら》しいことを学《まな》んだり、問題《もんだい》をといたり、ゲームで勝《か》つ方法《ほうほう》を考《かんが》えたりするときに使《つか》う頭《あたま》のはたらきを「知能《ちのう》」という。「人工知能《じんこうちのう》」とは、人間《にんげん》が知能《ちのう》を使《つか》ってすることをコンピュータと機械《きかい》におこなわせるしくみのことだ。

コンピュータは、人《ひと》よりたくさんのことをおぼえられるし、一度学《いちどまな》んだことはわすれないので、いろいろなところで、人間《にんげん》と競争《きょうそう》しても負《ま》けない人工知《じんこうち》能《のう》があらわれてきた。たとえば、人工知能《じんこうちのう》はすでに囲碁《いご》やチェスなどで、世界《せかい》チャンピオンの棋士《きし》に勝《か》っている。

これまで人《ひと》がおこなってきた自動車《じどうしゃ》の運転《うんてん》にも、人工知能《じんこうちのう》が使《つか》われようとしている。人《ひと》がハンドルやアクセル、ブレーキを操作《そうさ》しなくても、車《くるま》が目的地《もくてきち》まで人《ひと》をつれていってくれる「完全自動運転車《かんぜんじどううんてんしゃ》」がすでに街《まち》のなかで試験走行《しけんそうこう》をしているのだ。

小説《しょうせつ》を書《か》く、作曲《さっきょく》をする

コンピュータは新《あたら》しいことを思《おも》いついたり、想像《そうぞう》したりすることが苦手《にがて》だといわれてきたが、小説《しょうせつ》を書《か》いたり、作曲《さっきょく》をしたりする人工知能《じんこうちのう》の研究《けんきゅう》も進《すす》んでいる。今後《こんご》、もしかしたら、人工知能《じんこうちのう》が書《か》いたヒット作品《さくひん》があらわれるかもしれない。

人工知能《じんこうちのう》はいいことばかり？

人間《にんげん》にとって都合《つごう》のよい人工知能《じんこうちのう》の例《れい》をつたえてきたが、もちろんマイナス面《めん》もある。人工知能《じんこうちのう》がさらに発達《はったつ》すると、人間《にんげん》がおこなってきた仕事《しごと》が、コンピュータやロボットに取《と》って代《か》わられるようになるだろう。何《なん》でもロボットがやってくれたら楽《らく》でいいかもしれないが、そうなると人間《にんげん》には仕事《しごと》がなくなる。仕事《しごと》がなくなったら、お金《かね》をかせげないので、多《おお》くの人々《ひとびと》のくらしはまずしくなってしまう。

この先《さき》、人間《にんげん》よりも人工知能《じんこうちのう》やロボットの方《ほう》が上《じょう》手《ず》にできる仕事《しごと》がたくさん出《で》てくるだろう。だから、人間《にんげん》でなければできないのはどういう仕事《しごと》なのかをよく考《かんが》えて、新《あたら》しい仕事《しごと》をつくりだしていく必要《ひつよう》がある。場合《ばあい》によっては、人工知能《じんこうちのう》の発達《はったつ》をおさえて、人《ひと》の仕事《しごと》を守《まも》るようになるかもしれない。

人工知能《じんこうちのう》が人間《にんげん》を支配《しはい》する!?

今《いま》はまだ、人間《にんげん》が人工知能《じんこうちのう》をコントロールできている。しかし将来《しょうらい》、人工知能《じんこうちのう》が自分《じぶん》で自分《じぶん》を改良《かいりょう》し、さらに進歩《しんぽ》させることができるようになったら……人間《にんげん》の命令《めいれい》にさからうようになるかもしれない。そうなると、人間《にんげん》は人工知能《じんこうちのう》に支配《しはい》されることになるだろう。

イギリスの物理学者《ぶつりがくしゃ》ホーキング博士《はかせ》は、「完全《かんぜん》なる人工知能《じんこうちのう》の開発《かいはつ》は人類《じんるい》を終《お》わりにするかもしれない」といっている。きみは、どう思《おも》うかな？

人工《じんこう》知能《ちのう》は人間《にんげん》を追《お》いこす？

算数《さんすう》の問題《もんだい》のように、計算《けいさん》をしたり、理屈《りくつ》をつみ上《あ》げていって問題《もんだい》をといたりする場合《ばあい》には、人工知能《じんこうちのう》は人間《にんげん》に追《お》いつけるだろう。囲碁《いご》やチェスで人間《にんげん》に勝《か》てたのも、そのことをしめしている。

一方《いっぽう》で、何《なん》らかの問題《もんだい》に気《き》づいたり、すてきなアイディアを思《おも》いついたりすることが、人工《じんこう》知能《ちのう》は苦手《にがて》だ。気《き》づきや思《おも》いつきがないと新《あたら》しい研究《けんきゅう》も、新《あたら》しい仕事《しごと》もはじまらないからだ。総合的《そうごうてき》に見《み》て、人工知能《じんこうちのう》はまだ人間《にんげん》には追《お》いついていないといえるだろう。

将来《しょうらい》、人工知能《じんこうちのう》が人間《にんげん》に追《お》いつき、追《お》いこしていくのかどうか……それはまだ、誰《だれ》にもわからない。

人工《じんこう》知能《ちのう》は心《こころ》を持《も》つのか？

人間《にんげん》の「心《こころ》」には、うれしい、悲《かな》しい、さびしいなどさまざまな感情《かんじょう》が生《う》まれる。ところで「心《こころ》」とは、どんなものだろうか？

たとえば、仲《なか》よしの友《とも》だちが転校《てんこう》してしまったとき、悲《かな》しくなって涙《なみだ》が出《で》たり、食欲《しょくよく》がなくなったりする。こんなふうに気持《きも》ちや体《からだ》に影響《えいきょう》をおよぼすのが「心《こころ》」だとしよう。

人工知能《じんこうちのう》の研究《けんきゅう》が進《すす》んでいけば、ロボットが人間《にんげん》と同《おな》じように悲《かな》しくなって、涙《なみだ》を流《なが》したり落《お》ちこんだりするだろうか？

心《こころ》はとても複雑《ふくざつ》なので、こういうロボットをつくるのはむずかしいかもしれない。きみは、どう思《おも》う？

日常生活《にちじょうせいかつ》

もしも case 5

お金《かね》が存在《そんざい》しなかったら?

「うわあ、今月《こんげつ》はパンがないよ。」
「またマーケットで交換《こうかん》だなあ。」
「その代《か》わり、洋服《ようふく》は充実《じゅうじつ》してるぜ。」
「いや、食料《しょくりょう》のほうがいいだろ。」

××68年《ねん》。世界《せかい》からは通貨《つうか》が消《き》え、物《もの》は物々交換《ぶつぶつこうかん》するようになった。会社《かいしゃ》ではたらく人《ひと》は、お金《かね》の代《か》わりに、食料《しょくりょう》や洋服《ようふく》、家電《かでん》など必要《ひつよう》なものを申請《しんせい》してもらい、足《た》りない物《もの》は総合《そうごう》マーケットに行《い》って、自分《じぶん》で交換《こうかん》をする。

小《ちい》さな商店街《しょうてんがい》では、当《あ》たり前《まえ》のように物々交換《ぶつぶつこうかん》がおこなわれている。しかし、自由《じゆう》に買《か》い物《もの》ができなくなった人々《ひとびと》の行動範囲《こうどうはんい》はせまくなり、街《まち》の活気《かっき》もなくなってきているのだ……。

お金《かね》をやめて物々交換《ぶつぶつこうかん》にしたら?

今《いま》の時代《じだい》の人々《ひとびと》が、実際《じっさい》に物々交換《ぶつぶつこうかん》だけで生活《せいかつ》できるものなのだろうか。

たとえば、パンをつくるには小麦粉《こむぎこ》と油《あぶら》と塩《しお》とイースト(酵母《こうぼ》)が必要《ひつよう》だ。小麦粉《こむぎこ》と油《あぶら》の産地《さんち》はアメリカ、塩《しお》とイーストは日本《にほん》だとする。最終的《さいしゅうてき》にパンをやくのが町《まち》のパン屋《や》さんだったとすると、原料《げんりょう》がパン屋《や》さんにとどくまでに、何度《なんど》も何度《なんど》も物々交《ぶつぶつこう》換《かん》がおこなわれなければならない。材料《ざいりょう》を船《ふね》やトラックで運《はこ》ぶときにも、運賃《うんちん》を何《なに》かと物々交換《ぶつぶつこうかん》しなければならない。

物々交換《ぶつぶつこうかん》は、交換《こうかん》したいものの希望《きぼう》が人同士《ひとどうし》で一《いっ》致《ち》しなければ成立《せいりつ》しないから、うまく交換《こうかん》できないこともある。材料《ざいりょう》がパン屋《や》さんにとどくまでに、これまでの何倍《なんばい》も時間《じかん》がかかるだろう。それに、パンをやくための電気《でんき》やガス、水道《すいどう》の水《みず》は、電力会社《でんりょくがいしゃ》、ガス会社《がいしゃ》、市町村《しちょうそん》の水道局《すいどうきょく》と何《なに》を使《つか》って物々交換《ぶつぶつこうかん》したらいいのだろう?

こう考《かんが》えると、今《いま》の世界《せかい》では、物々交換《ぶつぶつこうかん》では品物《しなもの》が流通《りゅうつう》していかないことがわかる。お金《かね》のようにすばやく取《と》り引《ひ》きができるものが必要《ひつよう》なのだ。

昔《むかし》は自給自足《じきゅうじそく》＋物々交換《ぶつぶつこうかん》だった

自分《じぶん》で魚《さかな》を釣《つ》り、稲《いね》や野菜《やさい》を栽培《さいばい》するというように、必要《ひつよう》なものをすべて自分《じぶん》で手《て》に入《い》れることができれば、お金《かね》がなくても生《い》きていける。日本《にほん》でも大《おお》昔《むかし》は、ほとんどの人《ひと》がこのような自給自足《じきゅうじそく》のくらしをしていた。

それで足《た》りないときは、物々交換《ぶつぶつこうかん》がおこなわれた。たとえば、Aさんは、野菜《やさい》がたくさんあるけれど魚《さかな》がない。そんなときは、魚《さかな》があまっているけれど野《や》菜《さい》が不足《ふそく》しているというような人《ひと》を見《み》つけ、物々交《ぶつぶつこう》換《かん》することでくらしをゆたかにしていたのだ。

物《もの》をお金《かね》として使《つか》う「物品貨幣《ぶっぴんかへい》」

物々交換《ぶつぶつこうかん》は、自分《じぶん》が手放《てばな》そうと思《おも》っているものと相手《あいて》のほしいものが一致《いっち》しないときはなり立《た》たない。そこで昔《むかし》の人《ひと》は、

❶ 誰《だれ》もが必要《ひつよう》とするもの
❷ 誰《だれ》もがその値打《ねう》ちをなっとくできるもの
❸ 持《も》ち運《はこ》びしやすく、くさらないもの

を今《いま》のお金《かね》のように使《つか》って、物《もの》と交換《こうかん》するようになった。これを「物品貨幣《ぶっぴんかへい》」といい、米《こめ》や麦《むぎ》などの穀物《こくもつ》、塩《しお》、布《ぬの》、家畜《かちく》などがよく使《つか》われた。

魚《さかな》がたくさんあまっているBさんは、Aさんに魚《さかな》をあげる代《か》わりに、とりあえず塩《しお》をもらっておいて、あとでほしいものができたとき、その塩《しお》と交換《こうかん》して手《て》に入《い》れる。物品貨幣《ぶっぴんかへい》を使《つか》うことで、こういう取《と》り引《ひ》きができるようになった。そして、物品貨幣《ぶっぴんかへい》が、やがてお金《かね》（貨幣《かへい》）になっていったのだ。

世界最古《せかいさいこ》・日本最古《にほんさいこ》のお金《かね》

世界最初《せかいさいしょ》の貨幣《かへい》がいつ、誰《だれ》によってつくられたのかわかっていないが、これまでに知《し》られているもっとも古《ふる》い硬貨《こうか》は紀元前《きげんぜん》7世紀《せいき》にリュディア王国《おうこく》（現在《げんざい》のトルコにあった国《くに》）でつくられたエレクトロン貨《か》だ。

日本《にほん》では、8世紀《せいき》（708年《ねん》）につくられた「和同開珎《わどうかいちん》」がもっとも古《ふる》いとされてきたが、7世紀後半《せいきこうはん》につくられたらしい「富本銭《ふほんせん》」が奈《な》良県明日香村《らけんあすかむら》などで見《み》つかった。それが日本最《にほんさい》古《こ》の貨幣《かへい》かどうか、確認中《かくにんちゅう》だ。

▲エレクトロン貨《か》（貨幣博物館《かへいはくぶつかん》）

▲富本銭《ふほんせん》（長野県高森町《ながのけんたかもりまち》）

日常生活《にちじょうせいかつ》

もしも
case
6

マークや標識《ひょうしき》が消《き》えたら？

●マークや標識《ひょうしき》は日本全国統一《にほんぜんこくとういつ》！

駅《えき》やイベント会場《かいじょう》などにあるトイレのマークは誰《だれ》が見《み》てもひと目《め》でわかるようになっている。

もし、マークがなくて、代《か》わりに文字《もじ》で書《か》いてあったら、トイレとわかるまでに少《すこ》し時間《じかん》がかかってしまう。おしっこが出《で》そうであせっているときに、数秒《すうびょう》のおくれは大《おお》きい。また、文字《もじ》を習《なら》っていない小《ちい》さな子《こ》どもや、日本語《にほんご》が読《よ》めない外国人旅行者《がいこくじんりょこうしゃ》もこまるだろう。

道路標識《どうろひょうしき》は全国《ぜんこく》どこへ行《い》っても同《おな》じデザイン、同《おな》じ色《いろ》だから一目《ひとめ》見《み》てすぐわかる。これが場所《ばしょ》ごとにちがうデザインだったら、どうだろう？

マークの意味《いみ》を理解《りかい》するのに時間《じかん》がかかり、車《くるま》のブレーキをふむのがおくれたり、せまい道《みち》で車同士《くるまどうし》がぶつかったりして、交通事故《こうつうじこ》を起《お》こす人《ひと》が続出《ぞくしゅつ》してしまうだろう。

トイレなどをあらわすピクトグラム

街《まち》で見《み》かけるトイレ、非常口《ひじょうぐち》、禁煙《きんえん》などをしめすマークを「ピクトグラム」という。絵文字《えもじ》、図記号《ずきごう》などとよばれることもある。

ピクトグラムは、ヨーロッパで生《う》まれたもの。しかし、ひとまとまりのものとしてそろえられたのは、1964年《ねん》の東京《とうきょう》オリンピックのときだ。世界《せかい》のさまざまな地域《ちいき》からやってくる人《ひと》たちに、一目見《ひとめみ》ただけでわかるようにと、多《おお》くのデザイナーが、競技種目《きょうぎしゅもく》やトイレ、公衆電話《こうしゅうでんわ》など公共施設《こうきょうしせつ》をあらわすピクトグラムをデザインしたのだ。

自動車《じどうしゃ》とともにつくられた道路標識《どうろひょうしき》

日本《にほん》の道路標識《どうろひょうしき》の歴史《れきし》は、なんと、平安時代《へいあんじだい》の終《お》わり以降《いこう》につくられた「一里塚《いちりづか》」までさかのぼる。旅人《たびびと》の目印《めじるし》として街道《かいどう》のそばに。およそ4㎞（一里《り》）ごとにもり土《つち》をしたものだ。

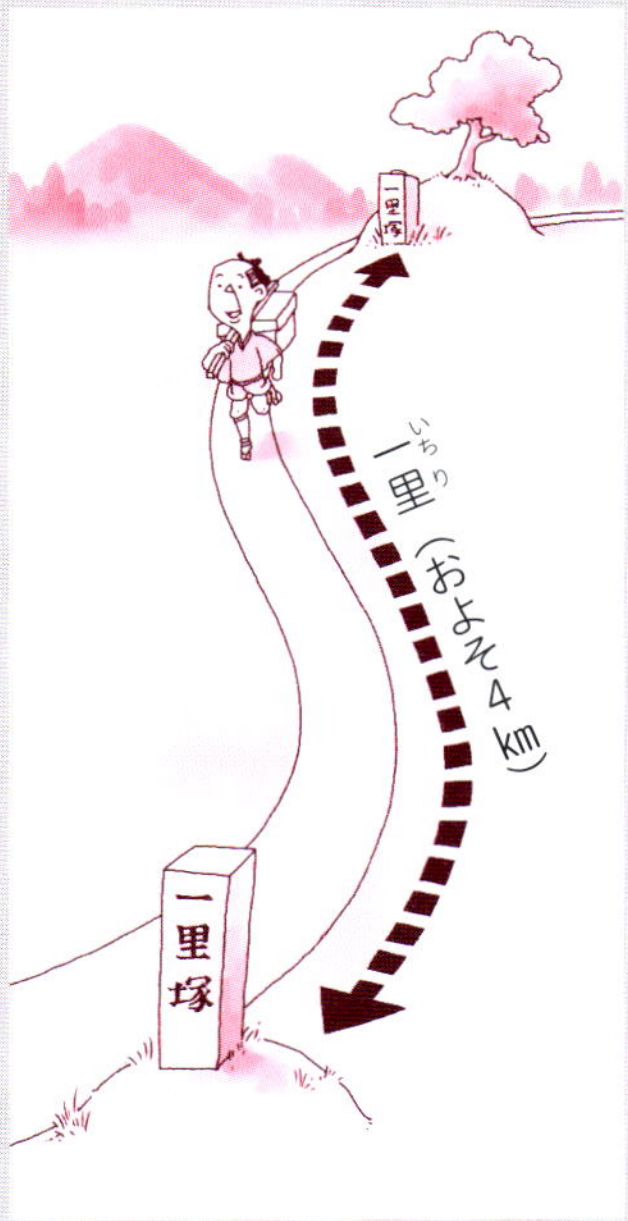

▶街道《かいどう》の目印《めじるし》、一里塚《いちりづか》

人《ひと》や馬《うま》だけがゆっくりと行《ゆ》き交《か》う時代《じだい》には、道路《どうろ》標識《ひょうしき》はあまり必要《ひつよう》とされなかった。道路標識《どうろひょうしき》が重要《じゅうよう》なものとされるのは、自動車《じどうしゃ》の時代《じだい》になってからだ。

日本《にほん》にはじめて自動車《じどうしゃ》が輸入《ゆにゅう》されたのは1898（明治《めいじ》31）年《ねん》。その後《ご》、少《すこ》しずつ自動車《じどうしゃ》がふえていき、1922（大正《たいしょう》11）年《ねん》にそれまで各地《かくち》でちがっていた標識《ひょうしき》のデザインが全国《ぜんこく》で統一《とういつ》されたのだ。

もしも case 7

第《だい》3次《じ》世界《せかい》大戦《たいせん》が起《お》こったら？

● 実《じつ》は……すではじまっている!?

第《だい》266代《だい》※ローマ教皇《きょうこう》フランシスコは、2015年《ねん》11月《がつ》、フランスのパリで起《お》きたイスラーム国《こく》（IS）テロの直後《ちょくご》に、第《だい》3次《じ》世界大戦《せかいたいせん》はすでにはじまっているという意味《いみ》の発言《はつげん》をした。平和《へいわ》な日本《にほん》には、そう思《おも》う人《ひと》がほとんどいないと思《おも》うが、世界《せかい》の各地《かくち》で戦《せん》争《そう》やテロなどの殺《ころ》し合《あ》いがつづいている。

20世紀《せいき》にはふたつの世界大戦《せかいたいせん》があり、第《だい》1次《じ》世界《せかい》大戦《たいせん》ではおよそ3700万人《まんにん》、第《だい》2次《じ》世界大戦《せかいたいせん》ではおよそ5500万人《まんにん》が死《し》んだというのだ。

この苦《にが》い歴史《れきし》を知《し》っているので、世界《せかい》の人々《ひとびと》は戦《せん》争《そう》が起《お》こらないように努力《どりょく》しているが、戦争《せんそう》は一度《いちど》はじまるとなかなかとめられない。

※ローマ教皇《きょうこう》……キリスト教《きょう》でもっとも位《くらい》が高《たか》い聖職者《せいしょくしゃ》。

● 核兵器《かくへいき》が使《つか》われたら人類滅亡《じんるいめつぼう》!?

今《いま》、1発《ぱつ》で数万《すうまん》～数十万人《すうじゅうまんにん》を即死《そくし》させることができる核兵器《かくへいき》（原子爆弾《げんしばくだん》や水素爆弾《すいそばくだん》）を持《も》っていると認《みと》められているのは5カ国《こく》。さらに、持《も》っていると宣言《せんげん》している国《くに》がいくつかある。だから、本当《ほんとう》に第《だい》3次《じ》世界大戦《せかいたいせん》が起《お》こったらたいへんだ。被害《ひがい》は第《だい》1次《じ》、第《だい》2次《じ》と比《くら》べようがないほど大《おお》きくなる可能性《かのうせい》が高《たか》い。

ひとつの国《くに》が核兵器《かくへいき》を使《つか》ったら、その相手《あいて》国《こく》が核兵器《かくへいき》で反撃《はんげき》し、

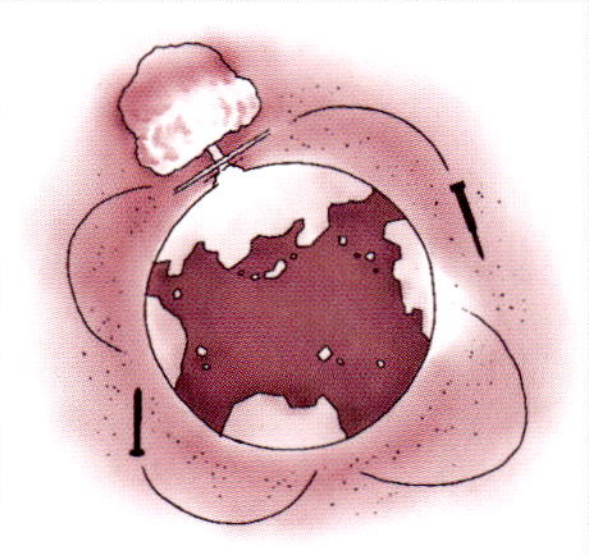

▲核《かく》の冬《ふゆ》がおとずれたら……

他《ほか》の国《くに》も一緒《いっしょ》になって、世界中《せかいじゅう》で核兵器《かくへいき》が使《つか》われるかもしれない。

その結果《けっか》、人類《じんるい》のほとんどが死《し》んで、地球《ちきゅう》には「核《かく》の冬《ふゆ》」がおとずれる。核《かく》の冬《ふゆ》というのは、各地《かくち》の核攻撃《かくこうげき》でまい上《あ》がったちりが地球《ちきゅう》をおおい、日光《にっこう》をさえぎって地球全体《ちきゅうぜんたい》が寒《さむ》くなることをいう。

●国同士《くにどうし》のにくみあいが重《かさ》なると……

第《だい》1次世界大戦《じせかいたいせん》は1914年《ねん》にはじまった。直接《ちょくせつ》の原因《げんいん》は、ボスニアという国《くに》の首都《しゅと》サラエボでオーストリア・ハンガリー帝国《ていこく》の皇太子夫妻《こうたいしふさい》が暗殺《あんさつ》された事件《じけん》がきっかけだったが、その前《まえ》に国同士《くにどうし》がにくみ合《あ》う原因《げんいん》となる出来事《できごと》がたくさんあった。そのなかで、ヨーロッパの大国《たいこく》がふたつのグループに分《わ》かれ、ついに戦争《せんそう》になったのだ。

1939年《ねん》にはじまった第《だい》2次世界大戦《じせかいたいせん》は、ドイツがポーランドに攻《せ》め入《い》ったのがきっかけとなった。しかし、第《だい》1次世界大戦《じせかいたいせん》と同様《どうよう》、原因《げんいん》となる出来事《できごと》はたくさんあり、世界《せかい》の多《おお》くの国《くに》がふたつのグループに分《わ》かれて対立《たいりつ》が深《ふか》まるなかで起《お》こった。

●対立《たいりつ》しなければ戦争《せんそう》は起《お》こらない

ふたつの世界大戦《せかいたいせん》の原因《げんいん》は複雑《ふくざつ》だが、たしかなことは、国《くに》と国《くに》がにくみ合《あ》うような対立《たいりつ》がなければ戦《せん》争《そう》は起《お》こらないということだ。つまり、戦争《せんそう》をふせぐには、どの国《くに》の人《ひと》とも仲《なか》よくする努力《どりょく》をつづけ、意見《いけん》の対立《たいりつ》があったときはおたがいになっとくするまで話《はな》し合《あ》うことだ。そして、武力《ぶりょく》を使《つか》うようなあらそいが決《けっ》して起《お》こらないようにする。

日《ひ》ごろから、自分《じぶん》たちとはちがうくらし方《かた》や考《かんが》え方《かた》をする人《ひと》たちのことをよく知《し》り、理解《りかい》することもかかせない。これからの時代《じだい》、国際交流《こくさいこうりゅう》は大切《たいせつ》だ。

世界《せかい》の国々《くにぐに》は、核兵器《かくへいき》をなくし、他《ほか》の兵器《へいき》もへらす努力《どりょく》をつづけていかなければならない。

日常生活《にちじょうせいかつ》

もしも case 8

世界中《せかいじゅう》の人《ひと》が同《おな》じ言葉《ことば》だったら？

人間《にんげん》だけが複雑《ふくざつ》な言葉《ことば》を使《つか》う

自分《じぶん》の気持《きも》ちや考《かんが》えを仲間《なかま》につたえることができるのは「言葉《ことば》」があるからだ。あらゆる生《い》き物《もの》のなかで人間《にんげん》だけが、言葉《ことば》を使《つか》って自分《じぶん》が見聞《みき》きしたことや経験《けいけん》したこと、学《まな》んだことなどを仲間《なかま》とつたえ合《あ》うことができる。鳥《とり》やクジラの仲間《なかま》なども声《こえ》を出《だ》して仲間《なかま》と話《はな》しているが、人間《にんげん》のようなふくざつなことをつたえ合《あ》うことはできない。

言葉《ことば》や文字《もじ》は文明発達《ぶんめいはったつ》のカギ！

人間《にんげん》が、石器《せっき》や土器《どき》のような道具《どうぐ》をつくり、農業《のうぎょう》をはじめることで古代《こだい》の文明《ぶんめい》を築《きず》くことができたのも、言葉《ことば》があったからだ。人間《にんげん》はその後《ご》、文字《もじ》を発《はつ》明《めい》して、知識《ちしき》や技術《ぎじゅつ》を遠《とお》くにいる人《ひと》や後《あと》から生《う》まれてくる人《ひと》たちにもつたえることができるようになり、人類全体《じんるいぜんたい》に知恵《ちえ》がどんどんたくわえられていった。その結果《けっか》、ここまで文明《ぶんめい》を発達《はったつ》させることができたのだ。もし言葉《ことば》がなかったら、人間《にんげん》は今《いま》のような生活《せいかつ》をしていなかったにちがいない。

もし文字《もじ》がなかったら、知識《ちしき》や技術《ぎじゅつ》は口《くち》づてにしかつたわらず、誰《だれ》かがわすれてしまえば、そこでとぎれてしまう。文明《ぶんめい》の発達《はったつ》はおくれ、今《いま》でも原始人《げんしじん》のようなくらしをしていたかもしれない。

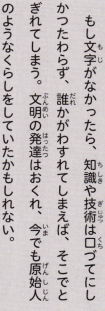

言葉《ことば》はくらしのなかから生《う》まれる

世界《せかい》の人《ひと》が同《おな》じ言葉《ことば》を使《つか》っていたら、外国語《がいこくご》を勉強《べんきょう》しなくてすむから楽《らく》でいい。言葉《ことば》が通《つう》じれば話《はな》し合《あ》いも進《すす》むから、多《おお》くの戦争《せんそう》がふせげたかもしれない。そして何《なに》よりも、外国《がいこく》へ行《い》ったとき、その国《こく》の人《ひと》とおたがいにわかり合《あ》えて楽《たの》しいだろう。

それでも、通《つう》じない言葉《ことば》はたくさんある。たとえば、日本人《にほんじん》の多《おお》くが毎日《まいにち》その上《うえ》で生活《せいかつ》している「畳《たたみ》」という言葉《ことば》は、日本人《にほんじん》のくらしのなかから生《う》まれてきた。「草《くさ》であんだマット」と説明《せつめい》しても、多《おお》くの外国人《がいこくじん》には畳《たたみ》がどういうものかわからない。言葉《ことば》は、世界《せかい》の各地《かくち》に住《す》む人々《ひとびと》がその地域《ちいき》に合《あ》ったくらしをするなかから生《う》まれてきたものなのだ。ということは、世界中《せかいじゅう》の人《ひと》が同《おな》じ言葉《ことば》を使《つか》うためには、みんなが同《おな》じくらしをしていなければならない。

世界中《せかいじゅう》が同《おな》じ言葉《ことば》になる？

昔《むかし》は海外旅行《かいがいりょこう》をするのは特別《とくべつ》な人《ひと》にかぎられ、人々《ひとびと》の行《い》き来《き》も少《すく》なく、世界各地《せかいかくち》で特色《とくしょく》ある生活《せいかつ》がいとなまれてきた。そのため、外国語《がいこくご》の必要《ひつよう》もあまりなかった。

ところが今《いま》は、世界《せかい》の人《ひと》たちと協力《きょうりょく》し合《あ》わないと、自分《じぶん》の国《くに》を発展《はってん》させることができなくなった。人々《ひとびと》のくらしも世界中《せかいじゅう》で似《に》てきている。そのため、多《おお》くの国《くに》が、世界《せかい》で広《ひろ》く使《つか》われる英語《えいご》の教育《きょういく》に力《ちから》を入《い》れている。現在《げんざい》は、国際的《こくさいてき》なコミュニケーションツールとして考《かんが》えられているが、今後《こんご》、英語《えいご》がより重要《じゅうよう》になると同時《どうじ》に、国《くに》や地域《ちいき》ごとに使《つか》われてきた言葉《ことば》を守《まも》っていくこともより大切《たいせつ》になってくる。言葉《ことば》がうしなわれると古《ふる》くからつづいてきた文化《ぶんか》もうしなわれてしまうからだ。

日常生活

もしも case 9

野球《やきゅう》のボールでテニスをしたら？

とび方《かた》もはずみ方《かた》もちがう

野球《やきゅう》のボールには、軟式《なんしき》と硬式《こうしき》の2種類《しゅるい》がある。硬式《こうしき》のボールはコルクなどの芯《しん》に糸《いと》をまき、その上《うえ》から皮《かわ》をはったもので、なかに空気《くうき》が入《はい》っていないので、あまりはずまないし重《おも》い。このボールでテニスをしたらとばないし、はずまないし、かたいのでラケットがいたんでしまう。人《ひと》に当《あ》たったときには、けがをするおそれがあるので、危険《きけん》だ。

軟式《なんしき》のボールは、硬式《こうしき》のものよりはずむ。それでもテニスのボールとははずみ方《かた》がちがうし、打《う》ったときのとび方《かた》もちがうので、プレーヤーは思《おも》い通《どお》りの球《たま》を打《う》てず、楽《たの》しくないだろう。

スポーツに合《あ》ったボールを！

テニスのラケットは、テニスボールの重《おも》さや大《おお》きさに合《あ》わせてつくられている。だから、もし軟式野《なんしきや》球《きゅう》のボールを使《つか》いつづけるとしたら、ラケットもボールに合《あ》わせて改造《かいぞう》しないとはねかえせない。それに、軟式野球《なんしきやきゅう》のボールはでこぼこがついているので、テニスコートをいためてしまう可能性《かのうせい》がある。自分《じぶん》の家《いえ》にテニスコートがある人以外《ひといがい》は、決《けっ》して試《ため》すことができないだろう。

●ラグビーボールはなぜ、だ円形《えんけい》？

球技《きゅうぎ》のボールは、ほとんどがまん丸《まる》（球《きゅう》）だ。完《かん》全《ぜん》な球《きゅう》に近《ちか》いボールだと、とんでいるときやはずむときに不規則《ふきそく》な動《うご》きをしないから、プレーヤーもボールの進《すす》む方向《ほうこう》を予測《よそく》しやすい。

そんななかで、かわっているのがラグビーボールだ。形《かたち》はだ円形《えんけい》で、地面《じめん》に落《お》ちるとどの方向《ほうこう》にはずむかわからない。どうして、そんなあつかいにくい形《かたち》をしているのだろう？ 実《じつ》は確《たし》かなことはよくわかっていないが、「こうかもしれない」と、考《かんが》えられているのが次《つぎ》の説《せつ》だ。

昔《むかし》、ゴムでボールをつくることができなかったときに、ブタのぼうこう（おしっこがたまるふくろ）を使《つか》ってボールをつくっていた。ブタのぼうこうはいびつな形《かたち》だったので、できたボールはだ円形《えんけい》になった。本当《ほんとう》は球《きゅう》にしたかったのだが、だ円形《えんけい》になってしまったというもの。

そういうボールを使《つか》っているうちに、ボールがだ円形《えんけい》ならではのゲームのおもしろさが理解《りかい》されるようになり、少《すこ》しずつ改良《かいりょう》されて、今《いま》のような形《かたち》になったという。

けるのがむずかしいあのボールを、思《おも》った通《とお》り正《せい》確《かく》にキックするラグビーの選手《せんしゅ》はすごい！

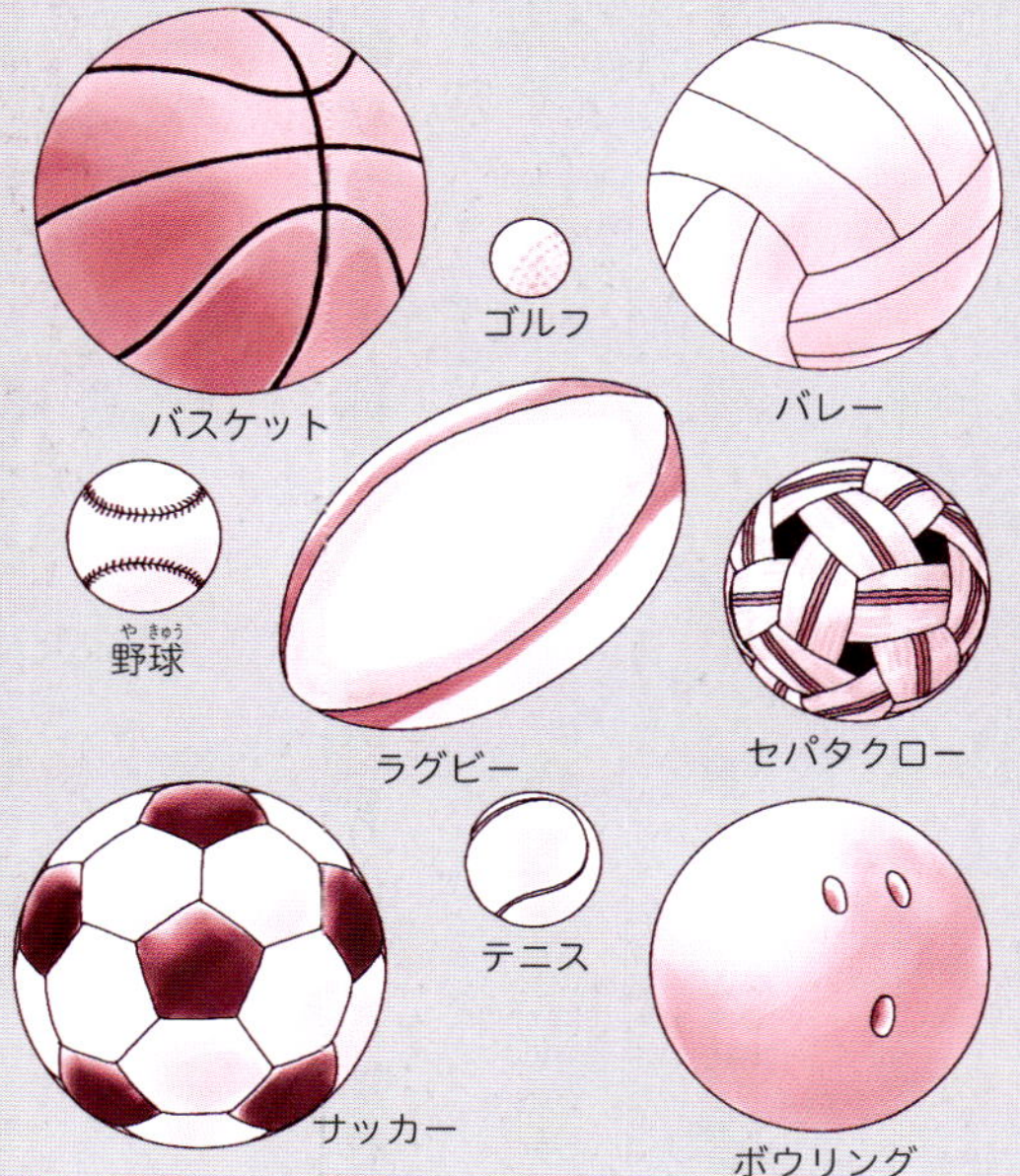

▲ さまざまなボール。

もしも case 10

ずっとねむらなかったら？

何日《なんにち》も徹夜《てつや》をつづけると……

大人《おとな》になると勉強《べんきょう》や仕事《しごと》でねられないことがあるが、一晩《ひとばん》でも徹夜《てつや》をすると、とてもつらい。人《ひと》はどのくらいねむらないでいられるのだろうか？

1965年《ねん》、連続《れんぞく》して264時間《じかん》（11日《にち》）ねむらなかったという記録《きろく》がある。このときは、4日目《かめ》からイライラしてきたり、集中力《しゅうちゅうりょく》が下《さ》がったりしたという。まさに、徹夜《てつや》は百害《ひゃくがい》あって一利《いちり》なし、なのだ。

ねむっている間《あいだ》に成長《せいちょう》する！

すいみんの役割《やくわり》には、おもに次《つぎ》の3つがある。

❶ねむることによって脳《のう》や体《からだ》を休《やす》ませ、つかれをとって体力《たいりょく》を回復《かいふく》させる。

❷ねむっている間《あいだ》に、成長《せいちょう》ホルモンが出《で》る。成長《せいちょう》ホルモンは、細胞《さいぼう》の分裂《ぶんれつ》をうながす。昔《むかし》から、「ねる子《こ》は育《そだ》つ」といわれているが、これは医学的《いがくてき》にみても正《ただ》しいのだ。

❸ねむっている間《あいだ》に、昼間《ひるま》に見聞《みき》きした記憶《きおく》が脳《のう》のなかで整理《せいり》される。

毎日《まいにち》ぐっすりねむることで、体《からだ》も頭《あたま》もはたらきがよくなる。夜《よ》ふかしはしないようにしよう！

日常生活《にちじょうせいかつ》

もしも case 11

いたみを感《かん》じなくなったら？

●いたみは体《からだ》からのサイン

転《ころ》んでひざを強《つよ》く打《う》ったときは、いたくて涙《なみだ》が出《で》そうになる。いたみを感《かん》じなかったらどんなにいいだろうと思《おも》う。でも、本当《ほんとう》にそうだろうか？

病気《びょうき》などのために、いたみを感《かん》じない人《ひと》もいる。その人《ひと》は、ひどいけがをしても骨《ほね》がおれてもいたみを感《かん》じないので、何度《なんど》もくり返《かえ》しけがをするという。盲腸《もうちょう》（虫垂炎《ちゅうすいえん》）のような内臓《ないぞう》の病気《びょうき》になってもいたみを感《かん》じないので、発見《はっけん》がおくれて命《いのち》の危険《きけん》にさらされやすい。

このことからわかるように、いたみは体《からだ》が危険《きけん》な状態《じょうたい》だと知《し》らせるサインのはたらきをしている。いたみを感《かん》じるから、安心《あんしん》して生《い》きていけるのだ。

●いたみは脳《のう》で感《かん》じている

人《ひと》の体《からだ》には、脳《のう》とつながった神経《しんけい》がはりめぐらされている。そのはしっこは、たとえば手《て》の指先《ゆびさき》にもとどいていて、そこには温度《おんど》や痛《いた》みなどを感《かん》じるセンサーがある。指先《ゆびさき》を針《はり》の先《さき》でついたとき「いたい」と感《かん》じるのは、いたみを感《かん》じる痛点《つうてん》というセンサーがしげきされ、その信号《しんごう》が脳《のう》につたわるからだ。つまり、いたみを感《かん》じるのは脳《のう》ということになる。

原因不明《げんいんふめい》のいたみがつづくときは、病院《びょういん》に行《い》こう。いたみは体《からだ》の危険《きけん》を知《し》らせるサインなのだから。

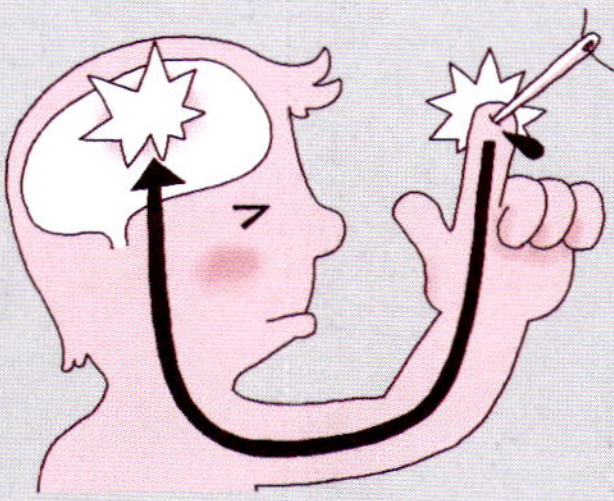

日常生活《にちじょうせいかつ》

もしも case 12

今《いま》でも鎖《さ》国《こく》をしていたら？

●鎖国《さこく》をやめたころ、世界《せかい》では？

日本《にほん》が※鎖国《さこく》をやめて開国《かいこく》したのは1854年《ねん》。西《せい》洋《よう》では産業革命《さんぎょうかくめい》といって、乗《の》り物《もの》や工場《こうじょう》で蒸気機関《じょうききかん》が使《つか》われはじめ、社会《しゃかい》のようすも人々《ひとびと》のくらしも大《おお》きくかわろうとする時代《じだい》だった。

1879年《ねん》にアメリカのエジソンが白熱電球《はくねつでんきゅう》を1886年《ねん》にはドイツのダイムラーが自動車《じどうしゃ》を発《はつ》明《めい》。1903年《ねん》にはアメリカのライト兄弟《きょうだい》が飛行機《ひこうき》の初飛行《はつひこう》に成功《せいこう》。鎖国《さこく》をしているときも中国《ちゅうごく》やオランダと交流《こうりゅう》があったとはいえ、もし日本《にほん》が鎖国《さこく》をつづけていたら、こうした便利《べんり》な科学技術《かがくぎじゅつ》が入《はい》ってくるのが大幅《おおはば》におくれただろう。

※鎖国《さこく》……自由《じゆう》な外国《がいこく》との取《と》り引《ひ》きを禁止《きんし》すること。江戸《えど》時代《じだい》の日本《にほん》が取《と》っていた政策《せいさく》。

今《いま》でも鎖国《さこく》がつづいていたら、政治《せいじ》のしくみや考《かんが》え方《かた》も古《ふる》いままなので、仕事《しごと》も今《いま》のように自由《じゆう》にえらぶことはできないだろう。

世界《せかい》の国々《くにぐに》にくらべて、人々《ひとびと》のくらしが貧《まず》しく不《ふ》自由《じゆう》だったにちがいない。

●現代《げんだい》の日本《にほん》は鎖国《さこく》できる？

現代《げんだい》の日本《にほん》は、自動車《じどうしゃ》や機械《きかい》などの工業製品《こうぎょうせいひん》を輸《ゆ》出《しゅつ》し、石油《せきゆ》・石炭《せきたん》などの化石燃料《かせきねんりょう》や食《た》べ物《もの》を輸入《ゆにゅう》してゆたかなくらしができている。

もし、今《いま》、日本《にほん》が鎖国《さこく》をしたら、毎日《まいにち》のように停《てい》電《でん》が起《お》き、多《おお》くの人《ひと》がうえ死《じ》にするだろう。現在《げんざい》の日本《にほん》の食料自給率《しょくりょうじきゅうりつ》はおよそ40%。国内《こくない》では、必要《ひつよう》な食《た》べ物《もの》の4割《わり》しかつくっていないのだ……。

もしも case 13

ゴミ処理場《しょりじょう》がなかったら？

●ゴミがあふれる!?

日本《にほん》で1年間《ねんかん》に出《で》る一般《いっぱん》ゴミの量《りょう》は、4432万《まん》tもある。（2014年度《ねんど》）さらに、一般《いっぱん》ゴミにふくまれないがれきや泥《どろ》などの産業廃棄物《さんぎょうはいきぶつ》は、年間《ねんかん》およそ3億《おく》8470万《まん》tもある。（2013年度《ねんど》）

これらのゴミは、自治体《じちたい》ごとにあつめられ、種類別《しゅるいべつ》に分《わ》けられて処理《しょり》される。おかげで、街《まち》がゴミだらけになることはないのだ。

もし、ゴミ処理場《しょりじょう》がなかったら、毎年《まいとし》この大量《たいりょう》のゴミをそのままどこかへうめなくてはいけない。現在《げんざい》でも、産業廃棄物《さんぎょうはいきぶつ》などの不法投棄《ふほうとうき》が問題《もんだい》になっているが、比較《ひかく》にならないくらい、あちこちにゴミがうめられ、街《まち》はゴミであふれてしまうだろう。

●ゴミではなく資源《しげん》!

カン、ビン、新聞紙《しんぶんし》、古着《ふるぎ》などはゴミではなく、資源《しげん》としてリサイクルされている。たとえば、アルミカンの場合《ばあい》、およそ90%が新《あたら》しいアルミカンに生《う》まれかわっているのだ。

ゴミは、もやしたりとかしたりすると、8分《ぶん》の1になるそうだ。もやしたあとにのこる灰《はい》もセメントの原料《げんりょう》としてリサイクルされる。リサイクルをすることは、ゴミについて考《かんが》えるいい機会《きかい》になるだろう。

日常生活《にちじょうせいかつ》

もしも case 14

学校《がっこう》に先生《せんせい》がいなかったら?

●グループ同士《どうし》のあらそい?

先生《せんせい》がいなかったら、勉強《べんきょう》をしなくていいし、「こうしなさい、ああしなさい」といわれることもないので、子《こ》どもたちは遊《あそ》んでばかり。こんな学校《がっこう》は天国《てんごく》だと思《おも》うかも。でも、ちょっと待《ま》った! クラスのまとまりもなくなり、遊《あそ》び仲間《なかま》のグループがあらそうようになるかもしれない。毎日《まいにち》のようにけんかが起《お》こるだろう。こうなると、学校《がっこう》は楽《たの》しくないので行《い》かなくなる子《こ》がふえそうだ。

●勉強《べんきょう》や運動《うんどう》が得意《とくい》な子《こ》が教《おし》える

もし、学校《がっこう》やクラスに子《こ》どもたちをまとめられるリーダーがいれば、案外《あんがい》、うまくいくかもしれない。

そのリーダーを中心《ちゅうしん》にそれぞれのクラスの代表《だいひょう》が集《あつ》まって話《はな》し合《あ》い、時間割通《じかんわりどお》りに勉強《べんきょう》や運動《うんどう》をすると決《き》めるのだ。

授業《じゅぎょう》だってこまらない。塾《じゅく》で習《なら》って学習《がくしゅう》の内容《ないよう》をわかっている子《こ》が教《おし》えるのだ。体育《たいいく》や音楽《おんがく》、図工《ずこう》だって、学校以外《がっこういがい》のところで習《なら》っていて得意《とくい》な子《こ》がいる。

でも、よく考《かんが》えてほしい。このようなクラスでは、友《とも》だちが先生《せんせい》の代《か》わりをしている。つまり、たくさんの人《ひと》をまとめるには、けっきょく、先生《せんせい》のような人《ひと》が必要《ひつよう》になってくるということなのだ……。

ミニミニもしも

もしも……毎日《まいにち》、きのうまでの記憶《きおく》が消《き》える脳《のう》だとしたら？

脳《のう》の重要《じゅうよう》なはたらきのひとつは記憶《きおく》。人間《にんげん》は毎日《まいにち》の体験《たいけん》や、その体験《たいけん》から学習《がくしゅう》したことを記憶《きおく》としてためていく。そのため、成長《せいちょう》するにしたがって、よりかしこい行動《こうどう》ができるようになるのだ。これは人《にん》間《げん》にかぎらない。昆虫《こんちゅう》などをふくめほとんどの動物《どうぶつ》でも、学習《がくしゅう》したことが記憶《きおく》としてのこる。

もし、人間《にんげん》の脳《のう》が、きのうまでの記憶《きおく》をすべて消《け》してしまうようなしくみになっていたら、それは学《がく》習《しゅう》ができないということだ。このような脳《のう》では、はるか大昔《おおむかし》に人間《にんげん》は絶滅《ぜつめつ》していたことだろう。

もしも……はしやスプーン、フォークがなかったら？

世界《せかい》には、食事《しょくじ》をするときに、はしやフォークなどを使《つか》わず、手《て》で食《た》べ物《もの》を口《くち》に運《はこ》ぶ文化《ぶんか》がある。原《げん》始的《してき》と思《おも》うかもしれないが、きみたちだって、にぎりずし、おにぎり、ハンバーガー、サンドイッチ、それにスナック菓子《がし》などは、手《て》で食《た》べている。ただ、熱々《あつあつ》のラーメンや鍋物《なべもの》、大《おお》きなステーキなどを食《た》べるときには、はしやレンゲ、ナイフなどの道具《どうぐ》が大活躍《だいかつやく》する。もし、はしやスプーン、フォークなどがなかったら、食《た》べるのがたいへんだ。今《いま》よりも食《た》べ物《もの》の種類《しゅるい》が少《すく》なかったかもしれない。

ありえる？ ありえない!? 「もしも」の世界《せかい》

さくいん

き

危険度《きけんど》マップ……65
恐竜《きょうりゅう》……46、78-85
金星《きんせい》……28、35、62、72
金星人《きんせいじん》……16
菌類《きんるい》……102-103

く

空気《くうき》……27、58
クジラ……99、112
クマ……109
クマムシ……140
グレイ……12、16

け

珪藻《けいそう》……102-103
原生生物《げんせいせいぶつ》……102-103

こ

光合成《こうごうせい》……104-105、143
恒星《こうせい》……20-21、38-39、72
ゴキブリ……89、92、100-101、128
コケ……107
言葉《ことば》……98、176-177
ゴミ……76、183
コミュニケーション……98-99、139

さ

細菌《さいきん》……102-103、140、152
再生可能《さいせいかのう》エネルギー……157
魚《さかな》……75、110-111
サケ……108
鎖国《さこく》……182
砂漠《さばく》……60、87、96-97
酸素《さんそ》……26、56-59、68、93、104

し

シーラカンス……125
潮《しお》の満《み》ち引《ひ》き……30、32
地震《じしん》……64-67
シダ……107
しっぽ……99、144
自転《じてん》……32、40-43
自転軸《じてんじく》……42-43
指紋《しもん》……130-133
重力《じゅうりょく》……33
寿命《じゅみょう》……20、38、121、122
植物《しょくぶつ》……58、84、87、88、104、105、106-107
食物連鎖《しょくもつれんさ》……89
シリウス……39
シロクマ……75、111
しわ……130-133

深海《しんかい》……63
人工衛星《じんこうえいせい》……23、76
人工知能《じんこうちのう》……165-167
人類《じんるい》……34、114、120-121、124-125、128-129

す

水星《すいせい》……28、35
水星人《すいせいじん》……16
すいみん……180
ストロマトライト……58
すばる（望遠鏡《ぼうえんきょう》）……161
スペースプレーン……70、74

せ

生態系《せいたいけい》……55、89、92
赤色巨星《せきしょくきょせい》……20、38
SETI（セチ）……17
絶滅危惧種《ぜつめつきぐしゅ》……89
戦争《せんそう》……129、174-175

た

タイタン（衛星《えいせい》）……35
タイムマシン……158-160
太陽《たいよう》……16、22、26、28、36-39、55、58、62
太陽系《たいようけい》……16、28、62
太陽光発電《たいようこうはつでん》……157
種《たね》……106-107、110
たまご……84、108

ち

地球外生命体《ちきゅうがいせいめいたい》……17
地球外知的生命体探査《ちきゅうがいちてきせいめいたいたんさ》……17
超新星爆発《ちょうしんせいばくはつ》……20

つ

月《つき》……22、30-35
つめ……84、134-135

て

停電《ていでん》……154-157
ティラノサウルス……84-85
天王星《てんのうせい》……29、35

と

動物《どうぶつ》……98-99、126、128、140
冬眠《とうみん》……109、138
土星《どせい》……28-29、35、59
トリトン（衛星《えいせい》）……35

な

南極《なんきょく》……52、54、75、102

に

二酸化炭素《にさんかたんそ》……28、46、54、58、62、97、104、143
ニワトリ……110

ね

熱帯雨林《ねったいうりん》……93、94-97

の

脳《のう》……124、135、180、181、185

は

歯《は》……84-85、141

白色矮星《はくしょくわいせい》……38

ハザードマップ……65

発電《はつでん》……156-157

花《はな》……88、105、106-107

パラレルワールド……73

ひ

微生物《びせいぶつ》……88、102-103、105

皮《ひ》ふ……84-85、111、130-133

標識《ひょうしき》……172-173

ふ

富士山《ふじさん》……48-51、63

富本銭《ふほんせん》……171

ブラックホール……18-22

プレート……50-64

不老不死《ふろうふし》……114、120-121

噴火《ふんか》……48-51

へ

ヘラクレスオオカブト……93

ほ

ボール……178-179

北極《ほっきょく》……52、54、75

ほ・乳類《にゅうるい》……112、138

骨《ほね》……84

ホバ隕石《いんせき》……47

ま

マイマイガ……101

マリアナ海溝《かいこう》……63

み

ミツバチ……88、99、107

む

虫《むし》……86-89、90-93、107、110

も

モーター……156

木星《もくせい》……28、35

よ

ヨナグニサン……93

ろ

老廃物《ろうはいぶつ》……136-137

ロボット……162-167

惑星《わくせい》……24、27、28-29、59、72、138

惑星状星雲《わくせいじょうせいうん》……38

惑星地球化《わくせいちきゅうか》……27

おわりに

本書《ほんしょ》を読《よ》み終《お》えたみなさんの感想《かんそう》は、きっと「なんだかおなかがいっぱいになったみたいだな」だと思《おも》います。それは『もしも？』がさまざまな分野《ぶんや》にわたっているからです。さらに「うんうん、あり得《え》そう」から「そんなこと考《かんが》えられないよ」まで、レベルもいろいろだったためともいえます。

わたしは茨城県鹿嶋市《いばらきけんかしまし》にある鹿島宇宙技術《かしまうちゅうぎじゅつ》センターの天体望遠鏡《てんたいぼうえんきょう》を使《つか》い、太陽系《たいようけい》の天体《てんたい》や人工衛星《じんこうえいせい》を観察《かんさつ》する研究《けんきゅう》をしています。以前《いぜん》は161ページに登場《とうじょう》するアメリカ・ハワイの「すばる」望遠鏡《ぼうえんきょう》ではたらいていました。宇宙《うちゅう》がすきになった理由《りゆう》は、6才《さい》のころに親《おや》が買《か》ってくれた一冊《いっさつ》の図鑑《ずかん》です。その本《ほん》は、今《いま》も研究室《けんきゅうしつ》の本棚《ほんだな》にならんでいます。

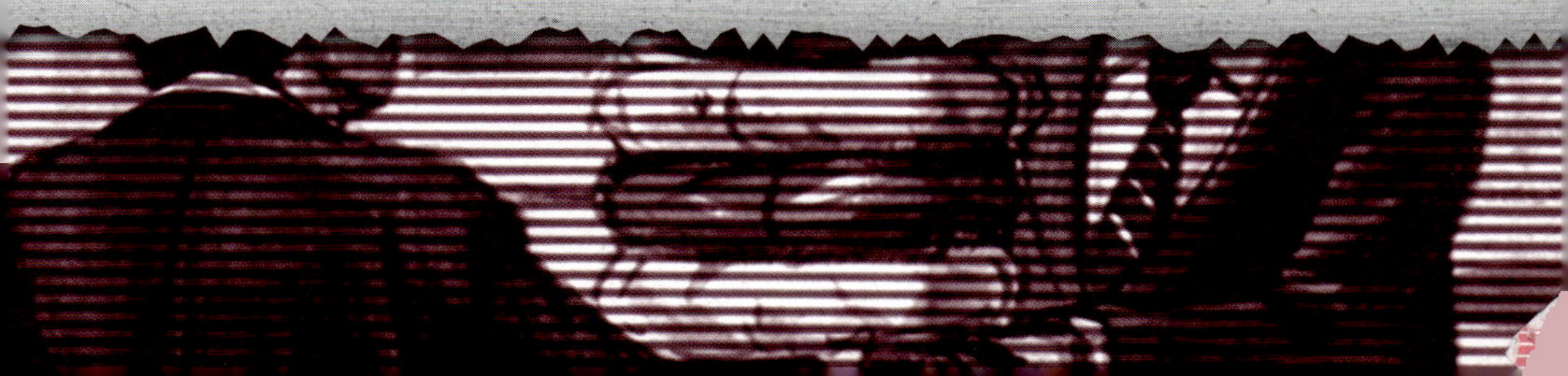

本《ほん》は大切《たいせつ》に持《も》っていれば、何年《なんねん》たっても何十年《なんじゅうねん》たっても、いつまでもわたしたちに語《かた》りかけてくれます。日本《にほん》の昔《むかし》の歴史《れきし》が教科書《きょうかしょ》にのっていたり映画《えいが》やドラマになったりするのは、当時《とうじ》書《か》かれた本《ほん》が今《いま》ものこっているからです。本《ほん》は、電子機器《でんしきき》のように電池《でんち》はいりませんし、こわれることもありませんので、千年以上《せんねんいじょう》たった現在《げんざい》でも読《よ》めることになります。みなさんも本書《ほんしょ》を大事《だいじ》にして、何度《なんど》も何度《なんど》も読《よ》み返《かえ》してください。

では、最後《さいご》の『もしも？』です。もしも、みなさんがこの本《ほん》を大切《たいせつ》にして、大人《おとな》になったときに読《よ》み直《なお》したら？——きっと書《か》いてあることが本当《ほんとう》になっていたり、ちがう結果《けっか》になっていたりするでしょう。それが産業《さんぎょう》や経済《けいざい》の発展《はってん》、科学技術《かがくぎじゅつ》の進歩《しんぽ》、環境《かんきょう》や社会《しゃかい》の変化《へんか》など、みなさんが地球《ちきゅう》に生《い》きている証拠《しょうこ》なのです。

布施哲治《ふせてつはる》

監修者

布施哲治（ふせ・てつはる）

1970年神奈川県生まれ。総合研究大学院大学博士課程修了、博士（理学）。国立天文台ハワイ観測所広報担当研究員を経て、現在は情報通信研究機構鹿島宇宙技術センター主任研究員。研究テーマは太陽系天文学、とくに衛星や彗星、小惑星、太陽系外縁天体、準惑星など。日本の「はやぶさ・はやぶさ2」ミッションやアメリカNASAの「ニュー・ホライズンズ」ミッションに携わり、最近では地球の周りを回る人工衛星の研究開発も行っている。著書に『なぜ、めい王星は惑星じゃないの？』（くもん出版）ほか多数。

構成・編集……グループ・コロンブス
本文デザイン……Malpu Design（宮崎萌美）
マンガ協力……株式会社サイドランチ
メインイラスト……田川秀樹
本文イラスト……丸岡テルジロ、オブチミホ、石川けん
マンガ……ゆた、十川、荻なつみ、夜道ロコウ
執筆……とりごえこうじ、栗田芽生（グループ・コロンブス）、上浪春海
編集担当……ナツメ出版企画株式会社（田丸智子）

ありえる？ありえない!?「もしも」の世《せ》界《かい》

2016年12月22日　初版発行

監修者　布《ふ》施《せ》哲治《てつはる》
発行者　田村正隆
発行所　株式会社ナツメ社
東京都千代田区神田神保町1-52 ナツメ社ビル1F（〒101-0051）
電話 03（3291）1257（代表）　FAX 03（3291）5761
振替 00130-1-58661
制　作　ナツメ出版企画株式会社
東京都千代田区神田神保町1-52 ナツメ社ビル3F（〒101-0051）
電話 03（3295）3921（代表）
印刷所　ラン印刷社

ISBN978-4-8163-6148-7
Printed in Japan